极斗——临兵斗者皆列阵在前

你的安全防护手册：
就喜欢你看不惯我又打不过我的样子

徐晓冬　极　斗　主　编

聂　江　薛晓东　张　昉
　　　　　　　　　　　　　副主编
姜振宇　朱连庆　王森驰

U0390717

清华大学出版社
北京

内 容 简 介

《你的安全防护手册：就喜欢你看不惯我又打不过我的样子》一书结合了时下热门的VR（虚拟现实）技术制作而成，从个人着装安全、个人行为安全、个人街头安全防护、如何用随身用品防护、如何快速地靠简单肢体动作防护等方面着手讲解，并带有VR（需下载极斗App，并配备一副VR眼镜使用），真人演示基本防护、逃脱动作。

简单易学，街斗高手利用VR技术手把手教你如何打造属于自己的防卫"利器"。更有千场街斗不败之王联手警察蜀黍教你如何兵不血刃化解危机。

在不同年龄段中，无论男性还是女性，本书均适合需要增强自我安全防护能力的广大读者学习使用。

图书在版编目(CIP)数据

你的安全防护手册：就喜欢你看不惯我又打不过我的样子/徐晓冬，极斗主编. —北京：清华大学出版社，2017

（极斗——临兵斗者皆列阵在前）

ISBN 978-7-302-47535-4

Ⅰ.①你… Ⅱ.①徐… ②极… Ⅲ.①安全防护—普及读物 Ⅳ.①X924.4-49

中国版本图书馆CIP数据核字(2017)第123921号

责任编辑：李玉萍
封面设计：钟　达
版式设计：常雪影
责任校对：马铭阳
责任印制：杨　艳
出版发行：清华大学出版社
　　　　网　　　址：http://www.tup.com.cn, http://www.wqbook.com
　　　　地　　　址：北京清华大学学研大厦A座　　\　　邮　　　编：100084
　　　　社 总 机：010-62770175　　\　　邮　　　购：010-62786544
　　　　投稿与读者服务：010-62776969, c-service@tup.tsinghua.edu.cn
　　　　质量反馈：010-62772015, zhiliang@tup.tsinghua.edu.cn
印 装 者：小森印刷(北京)有限公司
经　　销：全国新华书店
开　　本：145mm×210mm　　印　　张：6.125　　字　　数：117千字
版　　次：2017年7月第1版　　印　　次：2017年7月第1次印刷
定　　价：59.90元

产品编号：073955-01

推荐语

天有不测风云，在遇到突发事件时，你能信赖的只有自己的拳头。"打假斗士"徐晓冬荣誉出品，他值得我们依赖。

——欧阳乾

第一次认识徐晓冬是因为《拳城出击》的比赛，大大咧咧的一个人，办起事来却雷厉风行。从一位武者到一位作者，不变的意气风发的他。一本有趣的书，值得品味的故事。

——天图拳击俱乐部 岳斌

如果说伟大的英雄是成为虚假的人，那此英雄之名不要也罢，真正的民族英雄，即使历史不会记住，他依旧笑着逆天而行，捍卫自己心中的正义。

——温柴少爷 陈涛

没有什么能比守护亲人更加重要，而前提是首先你得拥有一双有力的拳头！

——手痒

徐晓冬老师是当今为数不多的肯说实话的人之一。他在搏击基层培训中沉浸了十几年，厚积薄发，是当代中国 MMA 事业的奠基石。在此仅以个人预祝新书发行成功，义薄云天，武运长存！

——零北京高校格斗联盟创始人 关晓波

闻近来兄弟为真相，单腿走在刀口浪尖上，望兄能够披荆斩浪，勇往直前，不管未来如何安排，坚者自坚，强者自强。

——零动力拳馆 赵响

真正的格斗高手是需要通过专业、科学，还有系统的刻苦训练出来的。

——何建伟综合格斗 何建伟

你就不会知道，人生是一场戏，无论伤痛还是挫折，你都要坚持，一切还没有结束。

——犀牛馆 毛毛

多年以后，你站在拳台上面对着人生的第一个对手，准会想起第一次上徐晓冬MMA课的那个残酷的下午或者第一次翻开这本书的那个激动人心的夜晚。

——唐山元武搏击 吴大虎

野蛮其体魄，文明其精神，格斗博大精深，修习以使用为先，自强不息！

——豹王格斗 何东生

靠骨气挺直脊梁，靠朝气迎来希望，靠勇气增添力量，靠志气实现理想，靠才气书写华章，谁敢横刀立马，唯有格斗狂人徐晓冬。

——北京自由人馆长 方正

徐晓冬，我的MMA启蒙教练，教课诙谐幽默，为人刚正不阿，在北京的格斗圈是响当当的人物。希望这本书让你认识一个真实的徐晓冬。

——铁拳馆　康福锁

搏击的魅力在于一次次地战胜自己内心的恐惧。人生没有痛苦、没有跌倒，你将一无所有。

——赤武　焦宇彬

冬哥率性而为，直面人生，愿此书大卖。

——个人防卫战术组　李怀义

格斗狂人徐晓冬，为格斗而生，为格斗痴狂。

——涛搏搏击　江涛

你眼中的徐晓冬，或许很二，但是他能做到的，你一定做不到！

——多康拉才拳馆　仙米

去伪存真，包容万象。徐晓冬先生为人刚正，心地善良，为真实的功夫舍生取义，血性难得。

——中国跤　王同庆

开创恶童之路，引领中国MMA发展。徐兄，真正尚武之人，为中国武魂贡献十五载光阴，值得众人瞩目。

——虎跃堂散打泰拳馆　刘海宁

认识徐晓冬已经五年多了，印象最深的是，我这位兄弟就是"狂人"，教课"疯狂"不辞辛苦，办事"张狂"雷厉风行，说话"猖狂"敢说实话，不怕得罪人。当然，他说的话不见得全对，可也不见是全错，究竟如何，"书"中见分晓。

——ET 进化训练馆　陈宝忠

徐晓冬，第一次见以为他要揍你，第二次见以为他有点讨厌你，第三次见发现他还是拿你当兄弟，第四次见发现其实他爱你……哈哈哈哈！

——纽尼克　腰子

侠义的北京爷们，能说能打能写，文武全才，北京练拳爷们的血性。

——凯奥格斗俱乐部　凯子

徐晓冬，是我的 MMA 启蒙教练，为人正直幽默，敢说敢做，教课趣味横生。像男人一样去战斗（摘自徐晓冬语录）格斗不分年龄、性别、身体的强弱，只有想不想，没有行不行。相信这本书会给你带来强大的格斗能量。

——秦皇岛正能量搏击馆馆长　张子民

预祝极斗和冬哥新书大卖，所有事情一切顺利！特别喜欢新书的名字，祝越来越好。

——北京御斗拳馆　王嘉琪

因为武术相识多年，因为他年长我和特别能战斗，所以我尊称他"冬哥"。此人在综合搏击领域战斗多年，有勇有谋、胆大心细、能为人生而疯狂、能为圈内不平而狂喷。今得知他要出书，为之而高兴，相信此人此书值得信赖！

——红森武馆　程传森

习武以强体，读书以正心，切磋于外，琢磨于内，云云数载，成就真君子。

——博武堂搏击俱乐部

真武魂，真功夫，真性情，真汉子！致走在中华武术去伪存真路上的铁血男儿徐晓冬！

——博弈堂　钟新胜

心在哪里，哪里就是风暴；志在哪里，哪里就有成功。冬哥既能以拳会友，又可笔下生辉！

——风暴拳馆　许占峰

打开一百年，骂出一片天。时光如书！

——牟义泰拳　汪正岩

这是一本真正实用派的书！

——子弹飞拳馆　寇南

这是一本将虚拟现实技术融入到自我防卫的教程书籍，现实生活中，难免会遇到一些突发状况，对于没有经过专业训练的普通人，这本书可以让你身临其境地学习如何在各种突发事件中保护自己和家人。

——ALLIANCE 巴西柔术战队　张龙

印象"徐晓冬"

　　"恶童军团"曾经是北京的一个 MMA 组织，也是中国最早接触 MMA 的一群人组成的组织，虽然它的名字听起来似乎缺乏那么一点构建"文明"社会的和谐元素，但据说凡是接触过他们的热血青年，都承认那是他们"最后的阵地"。

　　提起"恶童军团"，我首先想到的是徐晓冬这个吃着榴莲扛着棒球棍不停督促学员做体能训练外界戏称"大魔王"的人，是"恶童军团"的创始人之一，同时他也在 2006 年策划和制作了当时网络上风靡一时的"中国最早的 MMA 组织"宣传片，至今也被视为经典之作。2012 年一部"富二代踢馆被 KO"的视频充斥了网络，点击量达百万，视频中主角徐晓冬毫不犹豫地把前来踢馆的富二代打至昏厥，引起网络话题无数。无独有偶，2014 年"恶童军团"的另一位创始人王宇，在徐晓冬的"必图"拳馆把来挑事者打至求饶的视频，直到今天依然是各大网站新闻的香饽饽。最近，徐晓冬在微博里怒斥当红武僧"一龙"弄虚作假，引来十万网友围攻，站在了风口浪尖上。在没和徐晓冬接触之前，我听到过两个截然不同的版本，有人说他为人仗义，说一不二；也有人说他下手没轻重，粗话连篇。正如科比所说："爱我，恨我，两者必有其一。"我所接触的徐晓冬给我的感觉是为人豪爽，爱憎分明，敢作敢当的纯爷们，在如今的社会像他这样的人我觉得真的比大熊猫还要稀缺。从小耿直的性格让他没少在学校被比他年级高的孩子欺负，为了不被欺负，他加入了北京散打队，慢慢地他从被别人欺负，变成了保护弱者的大哥，用他的话说就是，练武，就是用武力去和那些不与你讲道理的人讲道理。我问过他这辈子共打过多少架，他沉思了片刻，说自己也记不清了，估计没有一千场也有八百场了。他从来没有停止过锤炼自己的身体和技术，因为他说他要时刻准备着应付各种突发状况。

说起徐晓冬一手建立的"恶童军团"，他便和我滔滔不绝地聊起来，他说最初建立"恶童军团"的时候其实他们都是一群体制内搏击退役的运动员，大多数才二十岁出头。在体制内这岁数已经到了退役的年纪，他们不甘心从此碌碌无为，便聚在一起为了追求最强格斗技术，组团到各大武馆学习新的技术，但是却被对方视为前来踢馆闹事的坏孩子，但是他们依然坚持自己当初的梦想，就如周星驰的《无敌破坏王》里的经典台词："我是坏人，那又怎样？

変好无望，变坏无妨。只做自己，别无他想。"这就是"恶"字的来由，"童"字是因为他们都是一群刚迈入社会的孩子，都有一颗童真的心。这就是恶童军团的来由。

在每个人都企图占据道德舆论制高点的今天，人人都说着各种文明、素质、道德等"圣人言"。试问在面对自己的梦想时，有多少人有敢于挑战世人的勇气？

我修顺心意，本真我，故苦难无穷，不喜逆风，奈何正处风口，悔不悔留于后人说。——《择天记》

本书由徐晓冬、极斗任主编，聂江、薛晓东、张昉、姜振宇、朱连庆、王森驰任副主编，董霙、居少峰、吕添棋、张硕、金香、北京至上互动科技有限公司参与了本书的编写，更要感谢千千万万帮助过我们的格斗爱好者，没有你们的支持就没有本书的出版。

编　者

创作团队

总 策 划 薛晓东　聂　江
文稿编辑 聂　江　王森驰
技术总监 薛晓东
技术支持 董　霓　王　超

特别鸣谢

纪乔上　吕添棋　张　昉　聂尔墨

张连池　张　硕　金　香　吕　婷

张　龙　沈　择　宣月半

徐晓冬

1997 年进入北京什刹
海体校专业学习散打、
拳击。

2001 年学习泰拳，拜
泰国退役拳王为师，并成
为北京第一批泰拳教练。

2002年向赵秋荣老师
（荷兰精武会教练）学习
MMA（综合格斗）。同年
世界自由搏击协会WKA特
别授权徐晓冬在北京范围
内推广MMA，并开设相关
课程，并以MMA打击形式
在北京成立第一个MMA综
合格斗组织（恶童军团）。

2003年获得国家级一
级散打教练员认证，可带
队参加全国范围内各项散
打赛事。同年在北京开设
了中国第一项MMA课程，
成为中国MMA推广第一
人，是中国北京综合格斗
（MMA）培训推广中心的
创始人和总教练。

目录

自我防卫前的知识准备

目录

自我防卫中的技术实践

目录

目 录

自我防卫前的知识准备

从本书中可以学到什么

你想学习一种特殊技法，可以轻松保护自己不受伤害吗？

如何使用心理学"技巧"在突发事件发生之前阻止它，并将控制权掌握在自己手中？

学习如何将日常用品当作武器使用（90%的人对此都有误解）。

了解压迫点的作用，以及如何利用它们。

如何保护自己免受大多数的普通攻击？

如何利用自己的身体优势？

学习一些针对性的训练方法，培养身体的自卫本能。

如何找到攻击者身上的薄弱点？

如何选择最合适的自卫课（以及哪些课程只是浪费时间）？

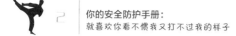

如何在威胁发生之前发现它？

如何避免威胁生命的自卫失误发生？

你曾经考虑过在现实生活危险状态下付出何种代价才能做出正确的选择吗？或者如何在不使用拳头的情况下阻止大街上的暴力事件？

……

不需要长达几年的训练，也没有复杂的课程，本书为你提供更加敏捷、简便和更直观的自我保护技术。

不论你年龄多大、体型如何以及是否有过训练经历，本书中所包含的技巧可以保证你在大街上处于较为安全的状态！

天生的"斗战胜佛"

　　我觉得我是这个世界上为数不多的还拥有"独立人格"的人。（独立人格是指人的独立性、自主性、创造性。它要求人们既不依赖于外在的精神权威，也不依附于任何现实的政治力量，在真理的追求中具有独立判断能力。）我和大多数人一样，对世界上很多事情都看不惯，不过大多数人敢怒而不敢言，而我却往往直言不讳、一针见血。在我的世界里，我追求的不是墙头草，而是大自在。就因为这样，很多人不喜欢我，但是无所谓，因为会有更多的人欣赏我。从"富二代踢馆被踢"开始崭露头角到最近痛斥一龙与播求的世纪之战，我总是站在风口浪尖。我只是说出了大家想说却不敢说的。正因为我的这种直来直去的性格，让我从小到大一直生活在各种各样的冲突和突发事件中。我敢说我是这个行业中处理突发事件的专家。最近在闲暇之余，阅读了几本所谓的自卫、防身的书籍，不由觉得可笑至极。有些所谓的自卫防身书籍，如果你去学了，无疑是在送命。所以我打算自己动手，撰写一本关于我这么多年对自

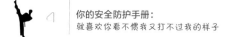

卫、防身的一些心得体会的书。

　　"简单自卫"即学起来既简单又容易接受的自卫技术——与年龄、能力、身体素质无关！

　　许多人为自己不出去锻炼或坚持运动找各种借口，他们练习自我保护技术时也会出现类似想法。

　　"我年龄太大了。"

　　"我体质太差。"

　　"我比其他人矮！"

　　好消息是：自卫需要 90% 的大脑加上 10% 的身体素质。换句话说：如果你能战胜懒惰，那么你就战胜了一切！

　　大多数人不想花费几年时间锻炼或学一门武术，所以通过这本书可以更加了解到如何利用大脑第一反应以及身体的本能反应来避免暴力事件。

　　即使你已经掌握了一些搏击技术，我也敢保证你在这里学习到更多让你大开眼界的防身策略与知识来应对真正的危险。

　　你需要知道的是，自卫并不是一种打败他人的暴力技术。事实上，暴力反击是在其他自救方式都失效后的最终手段。在冲突发生之前你仍有很多机会控制住局势的恶化。如果你仅仅是为了争勇斗狠而学习"街头斗殴"，那么这本书可能不适合你。

　　在这本书中，你会发现许多有用的策略，这些策略可以帮助你快速有效地化解险情。

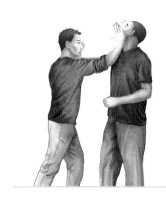

先理论再实践

你可能喜欢跳过理论直接学习实战技巧，学习如何打倒抢劫犯、强奸犯以及嘲笑你的人，但是在本书中，学习这些技法之前，还请你耐心地读完所述的理论。

考虑到实践和理论同等重要，我想为自卫技术增加点东西。我一直强调在掌握实践技巧之前要对自卫的理论有深刻的了解，并将这些理论作为自卫的基础。如果没有足够的理论储备作为支撑，那么你的实际动作可能会产生无法预料的后果，使事情变得很麻烦，因为突发事件本身就是一件不可预知的事件！

我个人建议，首先要阅读完本书各个章节并理解所讲内容，再充满自信地迎接各种挑战。阅读时先利用几秒钟时间思考一下标题场景，设想一下你将做出何种反应。你要用仿佛身临其境的状态来阅读，因为只有认真思考模拟过危险场景才不会有"哦，那不会影响我""我可以的，因为我能×××"的想法。这些拍脑袋得出的轻率想法会让我们实战中吃苦头。

之所以说这些是为了强调，在付诸实践之前协调大脑想法和身体行为的重要性。

具有全局观

　　特种兵一般都身手不凡，但是你很难从他们的外表看出来这点。

　　有些精英部队，比如美国空军特种部队和三角洲部队、以色列摩萨德、中国雪豹突击队等队员都经历了高强度的身体、战术和精神训练，这些训练将他们打造成战斗时拼死奋战的勇士。

　　这些人通常被派遣到世界上最危险的地方去完成其他人无法完成的任务。他们长什么样呢？肌肉发达的超级英雄？光头硬汉？身穿迷彩服的打手？如果你认为是这样的话，那恭喜你，你绝对是美剧看多了。

　　事实上，他们看起来跟普通人一样。他们需要融入、隐藏和避免引起注意从而躲避危险。因为他们需要融入环境，隐藏自己从而规避风险。

　　我朋友在"反恐"部门工作了许多年，我记得他对我说过他的一个朋友进入特种部队选拔。这个人高大威猛、肌肉发达，看起来就是一个敢盯着东北虎看的人。

　　可他没有通过初试。他被告知不适合执行秘密任务。

在军事任务中，他们绝不能引起不必要的注意，对我们普通人来说也一样。

当然你不会在黑暗的街道上执行秘密任务，但这与自卫的首要原则是一样的，融入人群、不引人注目以及穿着普通都可以降低风险。

穿着MMA T恤到处炫耀，向路过的人咆哮，你可能觉得很过瘾，但是如果有人带着6个醉汉向你挑衅，那么不论你多么强大，也可能处于劣势。

同样，女性的穿着是她们的个人选择。但是如果你在明知要步行穿过混乱的街区去酒吧这类高风险区域的前提下，还任性地选择穿着迷你裙等暴露装扮，那无疑会提高自己被坏人注意的概率。自由固然是好事，但是考虑自己在这些环境中的人身安全才是更重要的事情。

你必须熟悉的法律常识

我们所有的行为都应该在法律的约束下实施，否则就可能因为违反法律而受到惩罚。你应该知道当我们受到什么样的威胁伤害的时候，需要做出怎样的反击才能得到法律的支持，而不会越界。

首先你应该了解的一个名词叫正当防卫。它是指为了使国家、公共利益、本人或他人的人身、财产和其他权利免受正在进行的不法侵害，而采取的制止不法侵害的行为。

《中华人民共和国刑法》规定，正当防卫是公民的合法权利，在实施正当防卫时，必须同时具备以下条件。

（1）必须是为了保卫国家、公共利益、本人或他人的人身、财产和其他权利，才能实施正当防卫。

（2）必须针对不法侵害行为，才能实施正当防卫。

（3）必须是对正在进行不法侵害的行为人，才能实施正当防卫。

（4）必须是对不法侵害者本人施行正当防卫。

（5）正当防卫不能明显超过必要限度。

正当防卫如果明显超过了必要限度，造成重大损害的是防卫过当，应当负刑事责任，但是应当减轻或免除处罚。

此外，你要知道什么叫防卫过当。防卫过当是指正当防卫明显超过必要限度，给不法侵害人造成重大损害的行为。

《中华人民共和国刑法》又规定，对正在进行行凶、杀人、抢劫、强奸、绑架以及其他严重危及人身安全的暴力犯罪，采取防卫行为，造成不法侵害人伤亡的，不属于防卫过当，不负刑事责任。

防卫过当具有以下主要特征。

（1）必须是明显超过必要限度。这里所说的"必要限度"，是指为有效地制止不法侵害所必需的防卫强度；"明显超过必要限度"是指一般人都能够认识到其防卫强度已经超过了正当防卫所必需的强度，也就是应当以防卫行为能否制止住正在进行的不法侵害为限度。

（2）对不法侵害人造成了重大损害。这里所说的"重大损害"，是指由于防卫人明显超过必要限度的防卫行为造成不法侵害人人身伤亡等严重后果。

总之，在面对非法侵害时，如果用较缓和的手段就能制止侵害，就不要用激烈的防卫手段；当侵害行为已经被制止时，就不要继续对侵害者进行攻击、伤害。否则，就可能超过正当防卫限度，变为防卫过当。

建议

1. 避免激进的举止

如果你交叉双臂跺着脚，盯着所有人看，那么你将会让周围的人感到很不舒服。

2. 避免惹眼的穿着

你的穿着会表明政治或宗教立场吗？你会穿着鲜亮而身边人穿着都很随意吗？你的衣服会不会冒犯别人？

如果你能在所处的环境中降低自己的被关注度，那么你就处于相对安全的处境。

3. "临时动作"是一种浪费时间的行为

许多人在网上观看了一些自卫术或武术的视频，或者听学拳击的朋友讲了一些动作，就马上认为自己知道该怎么做了。

这是多数人开始了解自卫术时会犯的错误。

基本上任何教你"动作"（即技术性的抓和锁或者自卫术爱好者的特殊武术）的机构都是在浪费你的时间。当你真的遇到危险，你身体所分泌的肾上腺素会妨碍大脑思考，即使是最简单的动作，你也会忘掉。

我的意思不是说它们毫无意义，但是许多体系只适合在拳馆进行冷静、合理、单独的训练。实际的战斗并不是那些武术视频中为了演示动作所展现的理想情况。

人的大脑处理复杂信息时效率往往不如我们想象中那么迅速有效。真正遇到危险时，如果没有经过大量重复的系统训练，紧张的环境很快会让我们忘记刚记住的复杂自卫技巧。在紧急情况下，我们往往很难协调消极情绪与复杂的动作。

本书中所讲的观点就是利用多数基本的、最初的直觉和身体反应来躲避危险——任何形式都可以。

当然你也可能在意想不到的情况下受到攻击，情况变得难以控制，但是只要你能记得一两个简单且有效的技巧，在情况允许的条件下争取逃脱，那么你就能有效地保护自己。

自卫课——我应该烦恼吗?

你可能感到困惑：既然现实中的突发情况实难预料，那何苦还要去学习自卫术呢？或许自卫术训练中有 90% 的内容是你在真正遇到危险的特定情形下用不上的，但是如果你因此放弃了剩下那 10% 真正能够拯救你生命的技术，一旦遇到险境你将追悔莫及！

在犹豫要不要上自卫课时，你可能会怀疑它是否值得下功夫去学习。即使相当便宜，大部分课程也要收费。你需要调整日常活动以确保参加每一节课。自卫课最初可能显示不出来什么优势，但在关键时候它绝对会起到作用。

其中一项就是建立自信，当你自信心十足时，你会发现你的体型更加健壮和高大，走路时挺胸抬头。当一个人浑身散发自信时，就会引起其他人的注意：老板可能因此更加信任你而委派你更多任务或给你升职；你可能更容易找到人生的另一半。虽然这些课程的目的是教会你如何自卫，但是也会使你呈现出明显的积极变化，自信的气质也会使你避免成为街上受攻击的目标。

此外你会注意到身体的变化。自卫课对身体素质有基本的要求。为了保护自己不受攻击者伤害，你需要提高力量、灵活性、忍耐力和稳定性，加强这些有利于身体的塑形。

本书会给你一种一切尽在掌握之中的感觉。如果你在过去受到过伤害，那么本书将对你十分有用。处理压力的专项练习可能会暂时削弱你的安全感，但随着练习的增加，你将获得掌控自己的力量以及更好的自我价值感。

一般来说，安全感是上自卫课最大的收获。你能更加了解自己的行为和周围环境，这点有助于你预测危险并在它发生之前逃离现场——这就是最终目的。

你也将学习如何在无法避免的情况下处理危险情况。实战训练有助于提高与攻击者对抗的能力。虽然大多数人都从未想过我们的生活需要这种训练，但是一旦遭遇危险这种能力便能彰显出自己的价值。

据数据统计，每天全球约有 2200 人死于各类暴力事件。参加自卫训练可以使你获得更多的求生机会，并能有效地避开潜在的危险。参加自卫训练之后就会知道如何更好地保护自己以及自己所爱的人。

好的自卫课将教你如何在第一时间尽可能快地躲避危险，然后如何对抗攻击。

这种训练使你免受人身攻击，保护你的生命安全。从这点来看，学费或时间都不重要，安全最重要。

安全课的选择很多。其他人可能只会教你某些方面，但我们的许多课程都涉及具体的动作。

那如何理性地选择自卫课程呢？

自卫课或技术指导的价钱和内容是不同的。你可以衡量所有的选择，从而决定哪一门课性价比最高。你付出了时间、精力和金钱，这些付出应该获得相应的回报。

除了有用，自卫课也充满乐趣。你很兴奋而且乐意去参加训练。毕竟，如果你不喜欢，就不会来上课，那么也就不会收获任何好处。

下面详细介绍了多种方法帮助你判断课程能否提高自己的能力。

（1）评估你的真实水平：如实地评估自己的健康，选取适合自己能力的课程。虽然有挑战性的课程看起来更加诱人，但是你应该从基础开始以避免太吃力。

（2）听取建议：你应该咨询一下上过该课的朋友，这是判断该课程是否值得花费时间的最好方式。

（3）与老师面谈：与指导老师交流有助于你更加了解他们的授课风格。老师应该注重于教你如何避免危险情况而不是教你如何卷入冲突。当你遇到持刀歹徒，第一时间应该马上选择离开现场，再有经验的自卫术大师遇到持刀歹徒也会相当麻烦。

（4）试听一节课：参加一节课程试听，看着你自己是否能轻松理解老师所传达的意思。课程最后，你要考虑是否习惯老师的授课方式以及能否与同学融洽相处。

（5）享受过程：虽然自卫是一门严肃的课程，但是也没必要一直进行枯燥无聊的训练。一位优秀的老师会为课程增加娱乐性，从而使每节课都充满乐趣。如果你不喜欢该课程，就没有继续上课的动力，所以一定要选择一位懂得快乐教学的老师。

对抗攻击者时需要体力，同时情绪状态也很重要。一门好的自卫课将帮助你在面对危险情况时做好心理准备。你需要学习如何保持镇定并集中精力。

每类自卫课都会教你摆脱危险的技巧，但并不是每种课都符合你的特点和期望。只有合适的课程才能增强你的自信和提升自卫训练的成绩。

需要注意的是，每种课程的内容和它们的授课方式有很大不同，因此在选择课程之前需好好调查一下当地搏击俱乐部或武馆。

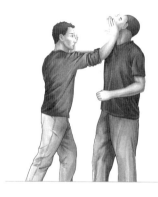

如何控制大脑和保护身体

危险发生时，自卫技能和知识的储备固然重要，但是真正遇到危险时，你心理因素对自己行为的影响更加明显，尤其是当需要快速冷静地处理紧急情况时。

压力往往会引发一些消极的本能反应。但如果掌握相应知识，我们就可以利用一些简单的技巧减轻精神的负荷，确保自己在最糟的情况下也能保持冷静。

冷静不是为了进入瑜伽的冥想状态，而是为了让大脑充分意识到当下的危险，不让恐惧控制我们的思想。冷静的目的是为了保持警惕，让身体做好保护自己的准备，同时也能使身心放松，以便我们快速做出后续反应。

当你遇到危险感到恐慌时，不要害怕，这是每个人都会出现的正常反应。如果你能用下列方法将恐惧感降低10%，那么你就已经做好了充足的准备。

1. 呼吸

这听起来很简单，因为人人都会呼吸，你可能不知道的是，保持均匀的呼吸还有助于维持冷静且集中的思想。

做到这点，最简单的方式是深呼吸。

- 深吸一口气，心里默数4下。
- 保持屏息状态，默数4下。
- 再呼气，默数4下。
- 重复。

这种来源于冥想的技巧，通常被称作正念呼吸。当我们的注意力集中在呼气和吸气上时，不仅可以保持冷静，而且能够减少杂念。

2. 集中注意

集中注意是另外一种借鉴于冥想的方法。简单来说，就是一种不需要判断和多想就可以了解自身的方法。

当我们感到恐慌以及心跳加速时，进行集中注意是十分重要的一步。

- 将注意力集中在身体反应上。

- 不要判断感觉如何，顺其自然就好。
- 不要担心发生了什么或将要发生什么。
- 只需关注此处和此时，以及你所处的位置。

3. 神游

当紧急状况发生时，我们的思想往往会处于激动状态，这样只会加剧我们的紧张感，大脑在短时间内，需要处理大量的碎片细节，最终导致信息瘀滞而失控。

要改善这种情况，简单的方法就是转移注意力，比如明天做什么、明天跟谁见面或者去哪里吃一顿大餐等。

事件越是刺激和难忘，越能将你的精神从紧绷状态调整到放松状态。

回想一下在海边时经历的疯狂的夜晚，或你曾经迷恋的女孩／男孩，不论是什么，只要是你喜欢且记忆深刻的事都管用。

4. 循序渐进

有句老话说：如果将青蛙扔到热水中，它会立即跳出来，但是如果将青蛙扔到冷水中慢慢加热，青蛙会很享受这个过程，直到最终被活活煮熟。

我不知道是谁想出的这个办法，但是我们发现如果事情是慢慢改变而不是突然变化时，我们更容易接受。

许多遭遇都很突然并且没有时间缓冲，但如果不幸被困在其中，则事情很可能向更危险的境遇发展，或有人请求一战时，你就可以用"循序渐进"法给自己创造机会或逃跑。

以一件对手容易接受的小事开始吸引对方注意力。如果这样做管用的话，便可以尝试进行下一步。以下是一些常用句式：

"我想脱下外套。"

"我只是想把手机拿出来。"

"请问我可以打开这个吗？"

"你可以把武器放下，没必要一直拿着。"

"我们换个地方说吧。"

"如果你让我走会更方便。"

针对自己的情况可以采取多种方式。每一步都要慢慢来。以对自己有利的方式，慢慢地扭转局势，比如找到对手的意识空当，创造逃跑或攻击机会，或许你也可以动摇对手的想法，避免冲突。

需要注意的是，这种方式只适合于在时间充足的情况下化解危险。如果危险突然出现，你也应该迅速做出反应。

从容面对

　　这是思考生存问题的章节。人类之所以特殊，是因为我们是地球上大脑最发达的生物。但发达的大脑也使得我们自身具有局限性。

　　比如我们面临紧急情况时，往往会产生如下的诸多顾虑：

　　朋友们会怎么说？

　　我说这个会看起来很傻吗？

　　这合法吗？

　　我杀了他会怎样？

　　他杀了我会怎样？

　　看看动物世界就会明白，自然界中不存在犹豫。如果两个生物发生冲突，它们搏斗一番就会离开。它们不会考虑看起来怎样，也不会想将来会怎样。它们只是简单地用牙齿和爪子进行一番搏斗然后离开。它们的做法才是自然界的生存之道。同样的，当暴力威胁到你时，你会感到自己已经远离文明社会，进入残酷的自然世界中。

当生命安全受到威胁时，你就要像动物一样毫无顾虑地战胜对手。努力战斗，就像为了活命而战斗一样，因为它可能真的是你生存下去的保障！

战斗结束后，用"集中注意"这一方法将意识拉回到现实中。集中注意是几千年来用于冥想的一种有力的技巧，也可用于心理疗法缓解压力，甚至也可用于运动方面。

从容面对的基本原则非常简单：不要将精力集中于可能发生的事情上；不要关注已经发生的事情；只需将精力集中于当前时刻。

当然，为了防止陷入防卫过当的法律纠纷，当你打伤对手使其丧失行动能力或者成功转移了袭击者注意力时，就是逃跑的最佳时机。。

恐惧没有任何作用，顺其自然

"不要惊慌"说起来简单，但现实中遇到危险时肯定会手足无措。我们在日常生活中没有学会克服恐惧的方法，而紧张的反应就恰恰是身体面对恐惧时的正常反应。要知道压力对我们的生存也很重要。

你要在某种程度上训练自己适应压力，并将其灵活应用在处理各种问题上，这将决定你能否成功。为了确保在糟糕的情况下不受肾上腺素的影响，我们需要用最简单的方式控制它。

建议：

要学会快速适应

事情依然在进行；它很恐怖；但是恐惧不会改变任何事，所以顺其自然吧。

学会转移注意力并集中精力深呼吸。不要担心发生了什么、将要发生什么事或可能发生什么。

不要想太多，做事果断。避免恐惧，在必要时进行反击，然后逃跑。

不要让自大控制一切

在自卫的时候，虚骄自傲往往成为你的敌人。

我们通常为生活、家庭和朋友的成就感到骄傲。如果有人威胁到我们的骄傲，我们就得决定如何反击。当然，身体上的威胁通常能够通过力量和技巧解决，但是言语或社交的威胁有可能成为危险发生的预兆。

酒精是暴力犯罪的主要来源，许多案件刚开始都只是一点小事，然后愈演愈烈。虽然无法左右其他人的行为，但你可以控制自己的思想。

掌握控制权并且不让情绪支配自己，就能成为一个更出色的人——虽然现在很难显现出来。然而，如果你只采取暴力而不是利用智慧，那么你就将自己降低到与他们一样的水平了。你应该努力使内心平静如常，不论对方说什么，都不要被挑衅而激怒。

如何知道是否需要反击呢？

三思而后行

在决定是与对手交战还是息事宁人时，"三年之约"是个不错的选择。

很简单，每当你感到愤怒战胜理智或被其他人激怒时，深呼吸，想象一下三年后"未来的你"会如何看待这件事。

三年后，对于某个醉汉在某个晚上说了一些冒犯你的话还那么介意吗？

可能不会。

三年的时间，你还依然介意某个人盯着你的男/女朋友看了几分钟吗？

你可能甚至都不记得发生过这件事。

三年的时间，你还依然记得带着刀找你麻烦的家伙吗？

当然！那么此时就是行动的时候了。

你可以采取行动的唯一理由是你为生命担心。三年的时间，你不会记得某个晚上遭受过什么言语侮辱或威胁，但是三年过后，你依然记得身体上的刀伤或受伤的鼻子。

经常反思自己的行为，思考"未来的你"将如何看待自己现在的行为。

自我防卫中的技术实践

如何在威胁出现前发现它?

暴力即将发生时，你开始惊慌失措、呼吸加速、脉搏跳动加快。但不只是自卫方心跳加速，袭击者身体也会出现变化，因为他们要为接下来的行动做生理准备。

如果你能察觉到这些危险即将发生的信号，你就能知道如何避开危险。如果某人看起来举止乖张或者神色反常，那么最好同他们保持安全距离。如果无法远离，最好的办法是安抚他们。若两种方法都不管用，而且只有在这两种方法都失效的前提下，才能考虑激进的解决方法——反击或逃跑。

当然每个人都不一样。有的人吸毒成瘾或嗜酒，这种人不会表现出这些特征，但是他们可能显露出更明确的用意；有心理问题的人可能表现镇定且得体。

我们通常关注最可能出现的状况，无论是欲要实施抢劫的歹徒，还是寻衅滋事的恶汉，都会有以下几种典型的特征。

1. 音调／语速发生变化

紧张的一个普遍特征是音调或语速发生变化。当情绪主控一切时，人往往很难保持冷静、理性地交谈。如果你注意到有人接近你，并且他们的语速不连贯，说话一会儿快一会儿慢，那么你就应该提防。

2. 重复

喝醉的人进入酒吧或俱乐部时因为失去意识就会出现反复行为。当肾上腺素带来的亢奋逐步侵蚀他们理智时，他们往往只能将有限的精力集中在一件事物上。因此，如果一个焦躁不安的人在固执地做某件事或一直重复说同一句话，那么你一定要当心了。

3. 脸涨红

这点很明显。我们紧张时血液会涌向脸部。如果攻击者想要实行暴力，准备攻击时他的肾上腺素会刺激心跳加快，血管扩张。这点通过涨红的脸可以发现。

然而，刚进行完锻炼的人也会出现脸红的情况。所以不要假定所有从体育馆出来的人都会抢劫你！只需要知道涨红的脸是紧张的反应信号中的一种。

4. 伪装和善

有时人会因缺乏警惕付出代价。你可以接受一个朋友或邻居在你购物时的帮助。但是如果一个陌生人在停车场接近你并向你提供帮助，那么应该保持淡定并礼貌地说："不用了，谢谢。"

有些坏人以"和善"为掩护降低攻击目标的警惕心。一旦你同意接受帮助，他们就有机会进入你的车或公寓。

5. 过多分享

有人向你询问时间或换乘公交车时你大可放心，但如果他们接下来讲述很多不必要的细节，此时就应该提高警惕了。

骗局的一个经典信号是分享过多没意义的细节。就像我们撒谎后为了圆谎时，也会添加更多虚构的情节。

"你知道现在几点了吗？我估计将近三点半，但是我把表落在家里了，我通常在手机上看时间，可是上周在我……时手机坏了。"等等。

当然他们可能只是用撒谎来掩饰尴尬，但的确需要注意是否为骗局。

我能做什么？

当一个神色不安、脸色涨红的人向你走过来，语速急促的试图表达某种信息时，你应该果敢而冷静地做出回应。

如果他们接近你是为了子虚乌有的帮助并且话很多，那么，你可以提供简要的帮助并且漠然地做简要答复，同时走向其他地方，但视线要一直盯着他们。

不论在何种情况下，最初都要试图缓解压力，并尽量掌控将要发生的一切。

保持"安全距离"

　　自卫中比较重要的概念是私人空间。私人空间是你的手臂或腿可以直接触摸的区域。你可以马上检测一下，现在张开双臂就地旋转，以手臂长度为半径及你的身高为高度所构成的圆柱空间就是你的私人领域。

　　这个领域也包含你的身后，许多人会忘记这点，但是来自身后的威胁比身前的更加危险。

　　孤身一人行走在街上时要时刻留意这个区域，这对你的安全十分重要。朋友和家人可以走进来，但是除非取得了你的信任，否则不能让陌生人进入。就像我在本书中说的那样，张开手掌进行防护是一个有效的方法。

1. 猛推

　　有时在暴力还没发生的情况下可以通过猛推来防护自己的空间。女性在对抗那些跟跟跄跄的醉汉时，这种方式非常有效。

两只手掌使劲并快速地推开别人的胸膛不会造成伤害，只是将他推开，吓他一跳。

需要强调的重点是，在将其推离自身的过程中切勿逐渐发力，这只会导致失败，因为这会给对手反抗和侧身躲避的时间。相反，你要将手放在对方重心所在的地方然后快速有力地一推，之后立马跑开。

2. 原则

你有权拥有私人空间。在未经你允许的情况下，任何人都不能进入你的私人领域，如果他们进入，你应该坚定且迅速地反击，第一时间赶出私人空间，并确保他们不敢再次进来。

3. 如何保持不受攻击（用"三角法"）

如果你见过专业的武术家或拳击手，你会注意到他们不会轻易沿直线移动，而是在频繁变换的步伐中控制节奏和保持距离，令对手很难踏入他们的领域。街头打斗不是一种竞技，所以动作也有少许不同，但理论是一样的。

许多站立位置和灵活的步法训练可以帮助你远离危险，不幸的是若遇到紧急情况，你很可能忘记应该站立的正确位置，从而导致成为受攻击的目标。

"三角移动"是一项很简单的原则，能确保你不在任何攻击范围内，甚至还可能有机会进行反击。

如果有人要打你，不管用哪种技术，他们都需要两个条件：

● 从他们的胳膊和腿到你身体的距离都在他们的控制范围内。

● 击打你身体，从而对你造成伤害。

● 距离 + 准确度 = 成功的击打。

哪怕攻击者已经瞄准目标，但距离太远，那么他们仍然无法有效击中目标。

若攻击者距离目标很近但丢失了目标，那么他们也无法击中。

故此，我们如何利用这个公式更加有效地进行自卫呢？我们可以拿出距离和目标物。"三角移动"利用的是攻击者通常只用一定弧度在一定距离内攻击的原理，超过这个范围，他们就无法伤害到你。

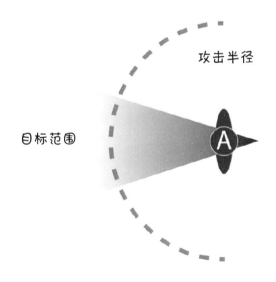

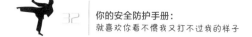

上图中，A 代表攻击者，虚线表示攻击者的有效进攻范围。灰色区域表示危险区或挑衅者最可能攻击的部分。

如你所想，这个图中有一个最危险的地方，就是下图所示的这个区域。

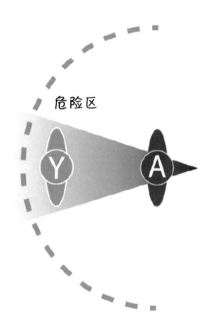

上图中，Y 代表你的位置，很显然你处于最危险的区域，即攻击者随时可以攻击的范围和危险区的交界处（攻击者通常不会站在原地不动）。

反过来讲图中也存在一个最安全的地带，我们在自卫情况下需要站在这个区域，如下图所示。

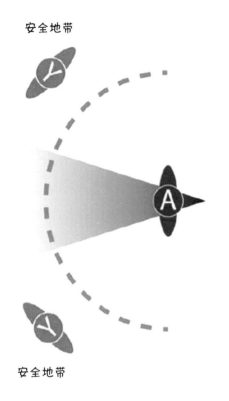

安全地带

安全地带

从左图可以看出，由于你在攻击者的目标区域和有效攻击区域之外，所以不论处于哪个安全区，攻击者都无法伤害到你。如果想避免因自己的失误而受伤——那么需要牢记的一点是：你选择站立的位置必须在这个区域中。

我们注意到这些站位形状就是个三角形。如果你可以从距离和目标这两点维持与攻击者的三角形，不论他／她向哪里移动都无所谓，因为你处在危险范围之外。

你必须随着对手移动而移动以保证自己时刻处于安全区域。他们进，你就退；他们向左，你就向右。

武术和格斗高手通常擅长这点，因为对打也需要相似的技巧，比如距离和时机的配合，当然任何人都可以当作一项有趣的游戏来练习。

4. 距离和目标训练

找个朋友或搭档。其中一人作为"防卫者"将一块彩色的布

绑到领带或者腰带上，并把彩布尾端露在外面。

两人面对面开始，设定 30 秒的倒计时。

开始后，"攻击者"的目标是抢夺彩布，"防卫者"的目标是在 30 秒内保护彩布不被抢走。

一旦有人"胜利"或时间到，双方交换角色继续开始，直到双方都尝试几次之后再停止。

这项有趣的小练习模仿的是随对手移动而使自己待在其攻击范围和目标区之外的情景。这种方式很耗体力，所以我们总是在自卫时极力躲避，试图反击和寻找逃脱的方法。不过，格斗本身就是一项体能消耗很大的运动。

5. 先发制人的打击（我该何时出手）

对于不了解本书的人来说，先发制人往往是预测了敌人将会发动袭击后决定先出手，我们的主要目的是在冲突发生之前减小它将带来的伤害。

是否先出手这个问题也在武术和自卫术教练之间引起了激烈的辩论。

一方面，选择先出手可以在对手抢占身体和心理优势之前先进攻并保持警惕，同时可以在对方出手前给对方一个措手不及以震慑那些不怀好意者。一旦控制局势后就可以让事态朝你希望的方向发展。

另一方面，先出手会将局势从自卫行为变成攻击行为。不论你是否出于无奈，你都是攻击者，从任何角度看似乎都是你先挑起了战端。

如何判断应何时发起进攻呢?

突发事件发生后,我更喜欢将先发制人看作唯一可行的办法。一旦有了这种想法,我们的行为也从先发制人,成为了对一系列事件做出的谨慎且合理的反应。

以下列表是你需要先发制人的具体事件。如果他们没有以下这些行为,那么你就有违法和违反道德的危险,然后被指责为袭击者。

你应该主动出击的时机:

你的生命安全受到威胁时;

你进退无路陷入绝境时;

你无法选择回避时;

你确信你即将受到侵犯时。

如果满足以上所有条件,就需要在危险来临之前做出反应,这时你的做法比起因为"对方居心不良"而先攻击的人合法多了。除非可以找到其他理由,否则不要说你没料到事情会如此严重。

应该注意的是若你决定发起攻击,就得有力度而且快。要完全保证一旦威胁解除就要立即停止进攻。

如何将日常用品当作武器？

使用日常用品当作武器来保护自己原则上是可行的，在某些事件中也可以发挥一定的作用。如"用香水喷眼睛"或者"将钥匙放在指缝作为指虎使用"，等等。

不能说这些技巧没有用，只不过每种方法在街头上使用都需要条件，一般情况下，我们几乎没有时间思考用哪一种技巧。

我们做的是，迅速利用手边的物品进行防卫，而不是思考用钥匙方便还是掏香水瓶快捷！或是思索我的防狼喷雾放到了哪里？

你需要知道，街头搏斗大多数时候是残忍、短促和毫无预兆的。你根本没多少准备的时间，更不会让你去挑选一件顺手的"武器"！

遇到被坏人袭击如果近身的话，最好利用随手能用上的工具，或者直接利用胳膊肘和膝盖快速反击。千万不要浪费时间刻意去找你的"防身武器"。

谨记暴力事件通常有以下特征：猝不及防、无法预测、令人疑惑。

那么我们可以使用什么武器呢?

大部分人都会随身携带一些能在关键时刻保护自己的东西，而且是在不假思索的情况下使用的。这些简单的方法给你提供宝贵的逃脱时间（而不是搏斗时间）。

1. 硬币

一般我们都会随身带点零钱在自动售货机、停车场使用，装在口袋里的硬币你可能会觉得麻烦，但在关键时刻它们也许能帮你分散歹徒的注意力。

若事情恶化，你可以抓起一把硬币又狠又快地扔向对方的眼睛。

幸运的话，你能打中对手的眼睛，暂时使他们失去视力，但即使你没打中他们，他们也会立马举起胳膊保护脸。

一旦对方抬起胳膊，你就立马狠狠地踢向他们的档部或用手掌推开他们，然后快速逃跑。

2. 钥匙

大部分人出门都会随身携带钥匙，这是一个非常好的防身工具，你应该重视它在危机时刻的巨大作用。

如果你有足够的准备时间，请握住钥匙串，然后将一枚钥匙从中指与无名指的指缝中伸出去。这可以提高你拳头的杀伤力，但是对于没有练习过拳法的普通人来说这种方法并非最佳，也有伤到自己手掌的潜在危险。

还有一种用法是用一根手指勾住钥匙环将钥匙放在关节外侧。

用力甩钥匙，像用鞭子一样抽向攻击者的脸 (想象一下动物用爪子挠东西时的样子)。

如果你没能勾住钥匙，则用它们狠狠甩向攻击者的脸然后逃跑。

3. 外套

看起来很时尚的长外套往往又重又紧，在发生危险时会妨碍你快速逃跑，因此最好丢掉它们。

遇到暴力时，提前脱下厚重的外套（若暴力已经发生，就不要浪费时间脱外套了）。

当被刀威胁时，你可以快速地将外套扔向攻击者拿刀的手臂以暂时妨碍他们行动，保护自己不受伤害。

让对方分心，从而逃脱。

皮革外套是个例外。真皮外套具有很强大的保护作用，这也是骑摩托车的人喜欢穿皮夹克的原因，若你能行动自如则没必要脱下它。

4. 手电

自卫中通常忽略微不足道的手电，主要是因为人们只看到它的一般用途而不是自我保护的作用。从这点来说它们极其适合作为"隐形"武器，携带也方便。

当你处于一个昏暗的停车场或遭遇停电时，手电一般用途是在黑暗中照明，但是手电的光也可用来分散攻击者的注意力。

　　为了适应黑暗环境，我们的瞳孔会放大来吸收更多的光线。面对光线的变化我们需要几秒钟至几分钟的时间来调节瞳孔。如果突然用强光照射袭击者的眼镜，他们的瞳孔无法及时调节。短时间内受到大量光线的照射会导致他们暂时失明。

　　确保有个质量好，亮度高的便携防水手电。并确保它是按钮式开关而不是旋钮式开关，危急时刻每一秒都关乎生死。

　　使用质量好的电池，每两个月检查一次电池。可以的话，建议使用锂电池。这种电池比碱电池更耐用，储电量更大，而且不易漏电。

　　不要对着攻击者摇晃手电。使用时，应立即打开并快速对准对方的眼睛。

　　一般情况下，他们会遮住脸而且无法看清东西。利用这个时间段快速逃离危险地带，向明亮的地方跑去。

　　手电之所以容易被忽视，是因为它本身不是一件锋利的武器，但是强烈的光线能够分散攻击者的注意力，手电本身也可以作为重要的武器来使用。

　　小型手电像短棍一样有用，可以锤击或者戳击对方咽喉及其他软组织。

　　大型手持式手电也能像棍子一样攻击对方，这也是许多无法携带"武器"的保安人员为何携带手电的原因。它们看起来就很有震慑力。

如何选择自卫"武器"？

1. 钥匙链

不论是安全还是危险的自卫武器都极易买到。

钥匙链作为一个小型的易携带武器很流行。有些自卫钥匙链看起来很不起眼，只是用木头或塑料制成某种小动物的造型，但是上面的棱棱角角在防身自卫中所发挥的威力，仍然不可小觑。

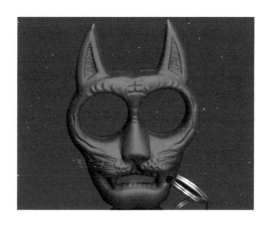

2. 酷棍

酷棍实际就是一块木头，因此一般看不出它具有伤害性。它硬度很强，长度只比笔长一点，巧妙使用的话可以发挥出你想像 44

不到的威力，携带时也不会产生其他麻烦。

酷棍最初是在 20 世纪 70 年代末由当时在警察局工作的著名空手道大师发明的，属于被低估的近距离防卫武器之一。

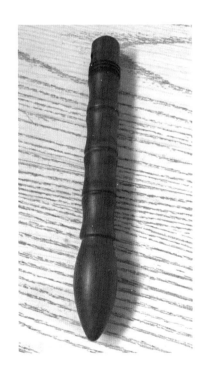

如何使用酷棍？

有的书专门讲酷棍的使用，但最简单有效的方法是下面三种。

（1）用作钥匙链的一部分。像抓住把手一样抓住它，然后钥匙就成了一节一节的鞭子，挥着钥匙打向攻击者的脸或眼睛。

（2）像拿棍子一样紧握酷棍的末端。最有效的是用锤击，猛戳对方的眼睛或喉咙。

（3）拿棍子一样紧握酷棍，但这次是利用酷棍上部，用大拇指固定棍棒，和之前一样猛戳对方的软组织部位。

核心要点是将棒子对准攻击者的敏感部位，比如前臂、手指关节、胫骨、鼻子、脊椎、太阳穴、肋骨、腹腔神经丛、腹股沟、眼睛和脖子。我们可以用有力的冲刺动作或猛击对方的压迫点。

如果手中没有酷棍，也可以用相同的办法利用身边的东西，比如钢笔、手电、毛刷。特制的金属笔有时也可作为武器，与酷棍的使用方法相同。

自卫中通常忽略的一方面就是了解自己的优势。酷棍通常是合法的或处于法律的灰色地带。作为一块圆木头或一个钥匙环时它们显得是那样的无害，但是一旦你学会利用它们尖锐的一面时，它们就会成为十分危险的武器。

3. 辣椒喷雾

正如钥匙链武器一样，辣椒喷雾也经常用于自卫行为中。

辣椒喷雾器实际上是一种神经毒素，能够刺激黏膜，能使对方的皮肤和眼睛产生剧烈的灼痛感。使用后，5 ~ 30秒内就会起作用。然而这对一些不敏感的人群效果并不理想，尤其是那些喝醉酒或注射了毒品的人。

辣椒喷雾的效果产生很快，如果喷到攻击者的眼睛上，还会使攻击者暂时失明。可能的话你最好购买警用辣椒喷雾。因为有些生产商为了谋求更大的暴利而将喷雾剂稀释，而警察使用的一般更见成效。

你可以买一小瓶辣椒喷雾器挂在钥匙环上，或者放在安全的位置。

虽然听起来很简单，但是切记在跑步或大风中，要向身后或顺风使用辣椒喷雾，否则最后会伤到自己。

最后，根据个人喜好选择携带哪一种武器。我更倾向于选择那些随手可用的日常用品或专门用作"自卫防身"的产品做武器，而不是真正的武器，比如手枪或刀具。事实是，有时某些人会为了自卫而携带了一把刀，最后却刺到自己。

如何选择对手身上的攻击部位？

　　人类的身体就是一个大袋子，内部的众多器官以骨骼作为依托。身体外部，我们有结实的皮肤层和肌肉的保护，但在几个特殊位置，器官和骨头距离皮肤层很近，这样就为防守者提供了反攻的机会。

　　令人惊讶的是，不论对手多高、多结实、多强大，这些位置的弱点与其他人是一样的。不管你锻炼多久，都不可能使这些部位变得更结实。

　　本书中我们将学习寻找具体攻击点并如何利用它们为自己建立优势。

　　当然也有许多其他要点，你应该利用一切可利用的东西来攻击。下面这些都是面对对手时容易受到攻击的部位。

1. 眼睛

不仅仅只有人类的眼睛是弱点,基本上每种生物都有这个弱点。专家建议当你被狗、鳄鱼甚至鲨鱼袭击时,最好先攻击它们的眼睛。

人体的构造都是一样的。眼睛上没有皮肤或肌肉作保护,眼睑也仅仅能防止眼睛进灰尘和小碎屑,所以无法抵挡攻击。

我们非常依赖眼睛,若你能暂时使袭击者失明,那么你就为自己创造了逃生的时机。

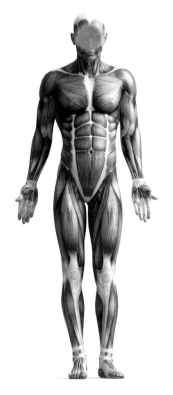

建议:

拳击对手眼眶。

用手指划脸。

撒灰尘、泥土、沙子或其他粉末状东西。

喷洒防狼喷雾或辣椒喷雾。

猛击鼻子(一般鼻子被打眼睛会不断流泪)。

2. 喉咙

喉咙是最容易被忽视的攻击部位之一。这是因为它不是"传统"的攻击部位，脸部才是易受攻击的部位。由于喉咙易受伤的特性以及所处位置，让它在自卫当中成为了极好的攻击目标。

虽然脖子上有类似胸锁乳突肌（SCM）的肌肉，但是由于人体结构的制约，无法像其他部分肌肉一样给予脖颈足够的保护，所以

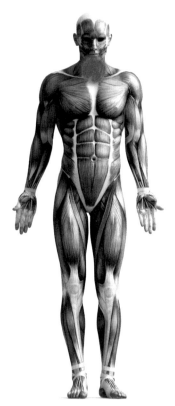

猛击喉咙能使攻击者暂时（或永远）无法呼吸，而且也能为他们的行动造成心理障碍。

建议：

喉部绞技。

拳击或猛戳。

猛掐或窒息（不建议在快速逃跑时使用）。

3. 腹腔神经丛

腹腔神经丛有多种叫法，通常被称作胸骨丛，是指肋骨连接处至胸膛中心的神经丛。

这也是易受攻击的部位，这不仅是因为它能影响攻击者的神经系统，也由于能在不给对方造成长期伤害的前提下使攻击者感到不适，从而为自己赢得逃脱时间。

猛击这个部位能引起肋骨骨折，但最可能的情况是使对方呼吸急促，从而使他们倒地——此时便是逃跑的最佳时机。

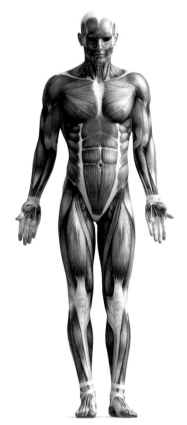

建议：

掌击、拳击。

4. 腹股沟

腹股沟由于极其敏感，在许多自卫技巧中都是重点攻击的目标——尤其对男性。但要谨记的是只有在近距离情况下才有效，例如控制对手头部的同时使用膝击。当然，若你不加提防，对方在弯腰时也可能会向你发动反击。

若你更愿意与对手拉开距离——这也是我们所提倡的，你可以

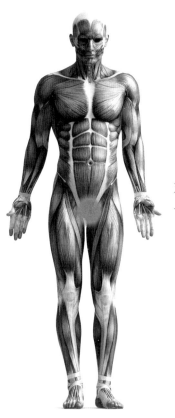

用脚攻击腹股沟，而不是直接用膝盖。但是这种攻击很容易被侧身躲过，所以在攻击时动作要迅捷、精准，或者采用点技巧，比如先用拳头击打分散对方的注意力。

建议：
前踢、膝击。

5. 膝盖骨

膝盖骨是另外一个人体经常被忽视的攻击部位，当腿部处于伸展状态时，被猛击膝盖骨很容易受伤。

猛踢、低踢、侧踢膝盖都是有效的攻击手段。

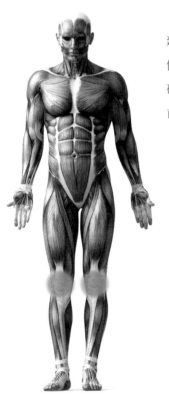

建议：

侧踢——用鞋子大脚趾处，对膝盖侧面最硬的部位快速踢击。

前踢或猛踩膝盖骨。

6. 小腿

虽然小腿骨质坚硬，但是对大部分人来说它也是极其敏感及易伤的部位。这是由于此部位处于身体最下方，不便于防御，易受攻击，因此通常可以踢伤小腿以分散对手注意力或使对方行动不便。

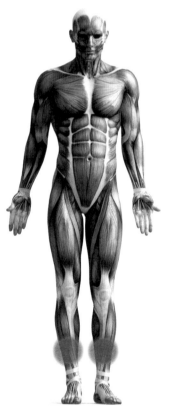

建议：

侧踢——向下的角度踢。

刮踢——用脚背向下擦着小腿踢。

猛踢——用鞋子大脚趾部位踢。

压迫点真的管用吗?

在林林总总的武侠题材的影视剧中,往往都会给观众们普及这样一个常识:只要摁住了对手身上某处死穴或穴位,再强大的对手也会瞬间动弹不得!如果你对此深信不疑,倒也情有可原。(毕竟,这只是电影中那些神出鬼没、内功高绝的武林泰斗才能拥有的专利。可惜啊!这些大师崖岸自高,深居简出,连鬼都没瞧见过他们的神功!)

不过,现实中做到这点也不难。抛开其神秘的一面,压迫点只是身体上比较敏感的部位,即神经丛密布该区域,因此攻击会使对手更易感受到疼痛,或由于缺少骨骼或肌肉的保护,故而那些部位易受伤。

不论在电影中如何表演,如果只用一根手指轻触压迫点是难以奏效的,必须用手指猛戳,才可以给对方造成短暂而剧烈的疼痛,

尤其是在转移对方注意力或脱离某人控制时非常有用。毕竟逃跑是我们的最终目标。

以下罗列了几处身体上有许多潜在的压迫点，你最好知道并记下来。

若你想了解这种感觉，可以在自己身上尝试一下，记得要轻按哦！

1. 锁骨／喉咙

颈与胸的分界处就是锁骨的位置，两块锁骨分别从肩部向胸廓前上方下斜延伸，在脖子下方汇合。两根锁骨末端在脖颈底部形成的那个小坑，这就是攻击的目标位置。

当对方面对面紧紧抓住你时，用大拇指或中指使劲摁住这个部位。不要担心摁的位置是否准确，在乎太多只会浪费时间。

将大拇指放在小坑部位，快速用力地推，有如下感觉。

疼！

引起后退反应

猛推气管，抑制呼吸

该部位很软不会伤到你的手指

2. 人中／鼻子

上唇的上方即嘴和鼻子的交界处，这个部位就是人中。

这个部位被攻击的后果很严重，在生死搏斗中你可以用掌根击打这个部位，从而给对方致命一击。但若只是想控制住对方，用手指摁住人中向后推对方头部即可。

人中的奇妙之处在于，虽然一般是大脑控制身体，但这个部位却可以控制大脑以及其他部位。

从前方攻击可以用大拇指，后方的话可以用其他手指或者用任何你比较方便的部位按压对方人中并猛推其头部。

跟之前一样，一旦你把他们推开或让他们分神就立刻逃跑。

击打这个部位的好处包括以下几方面。

对方很难反抗，当对方被按住人中时就很难再攻击你。

造成对方自然后退。

控制对方整个人。

选择合适的攻击方式

　　本质上，选择攻击方式与攻击区域不同。在你寻找对手身上的薄弱或敏感部位作为攻击目标时，你用来进攻的部位一定要是强壮、灵活，以及耐疼痛的。

　　用不同的部位进攻的效果有很大差别。下面这些建议可以帮助你更好地了解身体上哪个部位适合进攻，你所需要做的就是好好利用它们！

　　很多人问我自卫时为什么不推崇擒拿，比如巴西柔术和综合格斗。

　　之前详细讲过为什么在自卫时擒拿不是最佳选择，对于这种摔控技术，我们最担心的是这表示你已经与敌人开战，这与我们迅速脱身的原则相反。

你跟攻击者纠缠越久，事情可能越复杂，给对手（或者他们的朋友）创造更多反击的机会。

不管有没有经验，任何人都会在逃跑前用手击打对方，但是初学者很难完全掌握"木村锁"，因此有可能将这场冲突的性质由防身自卫转变成与其互殴！让自己陷入不必要的麻烦中。

明智的选择

　　当然你可以用某种方式保护自己。毕竟，什么都不做才是最"愚蠢"的做法。

　　当你试图拧开一枚螺栓时，你一定会意识到工具对工作是那么的重要！即便这枚螺栓已然松动，但若是缺少合适的扳手，你仍然难以拧开，而且还要费不少力气！

　　自卫也是一样。我们的身体很奇妙，我们有很多种选择，在自卫时使用最正确的方法能够更快、更容易、更安全地脱离危险。

胳膊与腿

自卫时使用手臂更加简单和直接，而用腿则比较费力。

手臂可以对上半身提供很好的保护。遇到危险时要时刻谨记用我们的手臂保护好头部。

一方面，手臂是攻击的首要选择。它们速度快，且攻击时不会影响自身平衡，很容易打到对方的头部。

另一方面，腿虽然不适合用来攻击目标，但可以调整身体姿势防守对方的袭击。一般双脚前后保持 45°站立。

脚和腿在反击中的作用很大，但通常速度慢而且容易被针对，因此进攻时都是从低处快速踢。如果可以的话利用上肢策应来掩护腿部的动作。

千万不要让腿受伤——因为逃跑时要用腿！

关于图片

　　我一直认为图解在视觉上所提供的参考，对任何技巧的学习都很重要，自卫也概莫能外。通过图示可以帮助我们更好地理解动作要领及攻守的位置。

　　街上暴力一般不会以一种有组织的方式进行，而且拳脚很少能收放自如和精准无误地攻击对方。

　　因此，日常生活中遇到的多是短促凌乱的混战，故而简单凌厉的招式，会让混战在几秒钟内结束，这就是你应该采取的方式。

　　本书后文中的指示图将作为参考指南，帮助你更加全面的学习每种技巧。我试着将每幅图片含义都阐释得明了清晰，但由于街头暴力形式多样，所以即使是有多年经验的自卫大师也不能尽述其详。

　　一定要读指导方法和参考图片，最重要的是在家、体育馆或俱乐部多多练习。理解这些概念固然重要，但是更重要的是脚踏实地地练习这些动作。

手掌比拳头更有力

手掌或手掌根比紧握的拳头更适合用于自卫，原因有很多。最简单的理由是，手掌更具力量和耐力。

与你平时训练时不一样，现实中根本无法保证你能有效地打到对方。拳头若没打到对方还可能弄伤手指，而用手掌击打时失误的机会则较小。

对我来说很容易判断哪种技术比较好，我们可以看一下有说服力的证据。让我们用一项演示说明手掌与拳头的区别。

找一面光滑的墙。首先，靠墙壁支撑整个身体。刚开始只用手掌。记下来感觉如何——可能没那么糟糕。

现在再次靠着墙，这次用紧握的拳头的关节。（应该感觉到用拳头会更痛一点儿。）

然后起身，面对墙壁。

　　紧握拳头，轻轻敲打墙壁，然后用拳击捶打，不断增加力度直到你感觉到痛。现在，重复上面动作，这次用手掌。同样在感到痛时停止。

　　注意到区别了吗？在不感觉到疼的情况下手掌比拳头产生的力量更大。

　　想象一下自己在自卫时用这些技术与别人对抗，无意当中打到对方额头或身体其他比较硬的部位的情景。若全力用拳头击打你会感到很疼，还可能弄伤手指，甚至使你这只手暂时失去战斗力。如果使用同样的力道用手掌根击打，即使没有特别大的力气也能更轻易地避免失误。

　　注意：这种练习的目的不是伤到自己或测试自己能承受多少痛，而是为了证明拳击和掌根之间本来具有的力量差异，不要让自己感到太疼痛！

1. 如何使用掌根

　　我建议在自卫中将掌根当作进攻工具，因为掌根力量强、出手速度快、出手方便，即使双手举起时也可保持姿势。上身几乎每个区域都可能成为攻击点，但一些部位非常适合用掌根攻击。

击打鼻子（也可能很致命）

用掌根打鼻子后果很严重，因此我建议只在迫不得已时使用。如果你只想打伤对方然后逃跑，可以尝试击打对方下巴。

当然，若你在冲突中处于生死攸关之际，那么不要犹豫直接去用掌根击打对手的鼻子吧！

一只手举起来用手掌阻挡对方的攻击，另一只手又快又狠地打向对方鼻子下方的部位。这种方法由于速度快从而在对抗中十分有

效，近距离作战时依然可以用这种办法猛推对手。这样会让对方感
到非常痛苦但又不会造成永久伤害。

击打下巴

　　下巴含有身体上最有劲的肌肉——咀嚼肌。然而上下颌骨的衔
接处极易受伤，因此是很好的击打目标。

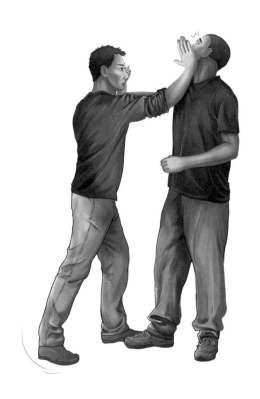

　　与上一个动作一样，一只手掌格挡对方袭击，另一只手从侧面
击打对方下巴。（或者直接从正面袭击。）

出手速度决定了能否打伤下巴或打残对手，因此出击要快。

跟之前一样，打完后回到防守姿态，确定安全后立刻逃离。

击打下颌

攻击下颌的效果与击打下巴相同，因为都会使对手因头部被攻击而失去平衡。

与击打下巴的方式一样，但攻击角度可以从下面、上方或直接从正面。

为了加强效果可以向后推对方的脑袋，或是用手指插对方眼睛。

击打胸膛

掌根击打胸膛是一种有效的攻击方法，而且不会给攻击者造成持续或更加严重的伤害。正如之前提到的，如果你真的感到生命受到威胁，就不要顾虑出手太重——救自己的性命要紧。但如果你不能确定是否应该出手，那么简短有力的击向攻击者的胸膛也能有效地使对方失去平衡，这样不仅防止他们继续追你，同时也不给他们恢复的机会。

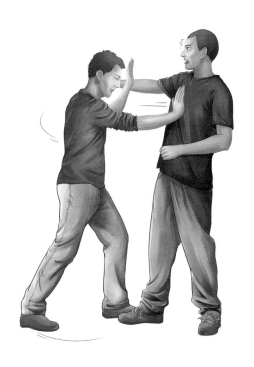

　　　　这种情况下一定要快速扭转胯部以便使出全力。目的是又狠又快地直接击打到胸膛中心，使其站立不稳并防止他们继续纠缠你。

2. 如何利用胳膊肘

肘部是自卫时最具威力、最有效的攻击部位之一。肘击的特点是攻击迅速而刚猛。攻击力量大，关键是对手臂力量没有要求。（因为大部分的杀伤效果依靠的是腰胯核心肌群旋转带来的力量，这要比胳膊自身的力量大得多。）

然而与其他部位相比，其攻击范围小而且只能在攻击者近身时才能使用。近距离对抗中手、掌、腿很难发挥作用，所以用胳膊肘能达到出其不意的效果。

胳膊肘攻击太阳穴

太阳穴是头部两侧轻微凹陷的部位。由于其形状和厚度，在近距离攻击中很容易成为被打击的目标，肘臂的用力击打会使对手瞬间失去方向感。

肘击只适合近距离自卫。若距离对方一臂之远就不要用这种方法了，更不要为了打到对方而向其移动。

若近距离发生冲突，且没办法用掌击或脚踢时可以考虑用肘击。前臂虽然距离对方更近更容易打到对方，但是力量也相对较弱。一边用前臂抵抗，另一边肘部快速地挥击。若打算用最坚硬的部位攻击那就利用肘部的顶端去击打。同时需要注意的是，扭动腰部可以增强爆发力和加快攻击速度。

若你感到重心不稳或无法精准攻击时，将另外一只手立起配合攻击手，使攻击更加稳定。

若你担心抬起手肘会给上身形成空位，则可将另外一只手放到肋间以保护自己。

肘击下巴

这种方式适用于对手比你高的情况。

重复以上动作，以防御姿势将肘举起，然后在与对手下巴平行的位置对其攻击。

这可能使他们骨头错位或打掉牙齿。一旦将他们打晕，最好莫作停留，观察四周是否有其他危险后，马上快速逃离。

上方图片显示，负责防卫的手臂固定住进攻手臂。

3. 如何使用锤拳

　　了解锤拳如何起作用的简单方式是想象一下锤子的工作原理。锤子在快速下捶东西时动能最大，可以对一点进行强有力的打击。

　　不论是向下还是从侧面，你都可以用同样的方式使用拳头，尤其是在手掌很难发力的情况下。

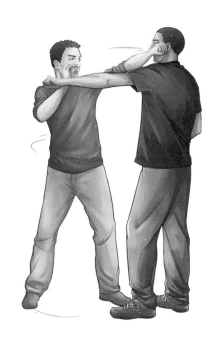

以防卫姿势用前手出拳。

手臂伸直调整拳头位置攻击对手太阳穴或其他直接能攻击到的部位。

使用锤拳时要求腰部挺直，力量来自腰胯的旋转和肘关节的伸展。

跟之前一样，击打对手后，利用对手分神或暂时头晕的机会快速观察四周，然后逃脱。

4. 如何利用额头

额头，更具体点说是头锤是一种非常有效的攻击方式。头盖骨的前侧由身体上最厚的骨头构成，能承受较大力量的撞击。

若对手试图给你一拳时你突然低头，那么最可能出现的情况是你只是受到轻微的一撞而对方可能会弄伤好几根手指。

不幸的是，这块骨头之所以坚厚是为了保护你最重要的自卫工具：你的大脑。你要不遗余力地保护大脑，若大脑受到攻击，那么

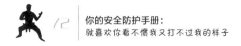

就像一盏灯熄灭似的，游戏也结束了。因此，用身体的控制中枢去"攻击"对手是个下策。

所以只有在万不得已的情况下才可以用前额攻击对手。若距离对手太近以至无法用手肘或膝盖时，快速用额头顶对手的鼻子，从而给自己创造逃跑的时间。

在没有别的选择和距离对手非常近的情况下采用这种方法。

用额头快速有力地攻击对手软组织区域，通常是鼻子。一旦对手流泪或流鼻涕，观察四周后快速逃离危险。

5. 如何利用膝盖

膝盖跟手肘一样虽然有坚硬但只适合近距离攻击。腿上有身体上最强壮的肌肉，所以如果用膝盖攻击对方，则可以有效地将对手快速打倒。

跟之前一样，如果只能用膝盖那么一定要快且狠。

膝盖攻击肚子 / 胸膛

隔膜和内部器官很容易被膝盖撞伤，如果顺利的话，用你的膝盖撞击攻击者能令他们呼吸困难。

只有在身体保持平衡且距离对方较近的情况下才用这个动作。

跟之前一样手臂上抬做好防护，而且由于抬腿时易使身体失去平衡，所以举起双臂也可保持身体平稳。

快速用手制住对方肩部或脖颈，然后抬腿，利用膝盖狠狠撞击对方的肚子或肋骨。

将膝盖直接抬到这个高度可能有点困难，提膝过程中可以增加一点弧度。

膝盖攻击头部

膝盖攻击头部或脸部十分致命，但也需要自卫方做出许多动作。若袭击者意识到自己将被打到，他们也会试图抵挡。

为了避免这种情况，一定要尽可能快地抓住并撂倒对方。

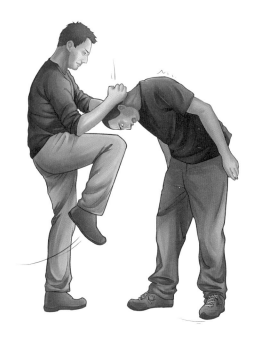

这种情况下用手制住对方头部或脖子的后方，快速打倒他们。

不要十指交错，这会使你速度变慢。

膝盖攻击腹股沟

腹股沟是个极易受攻击的区域，而膝盖是最有效的进攻部位。然而要注意大部分情况下，膝盖攻击需要跟对方近距离接触，因此脚踢比提膝更加安全。

再次强调，此方法只有跟对方十分接近时才适用。

首先通过扣住对方的肩膀维持自身平衡，头部向对方右侧微微倾斜——不要直接面对对方。

　　用膝盖狠且快地攻击腹股沟，放倒对方，观察周围情况，快速逃离。

　　6. 如何利用拳头

　　握紧拳头击打对手是寻常不过的方式，其中也分为多种不同的打法，可以有效地攻击对手。但是，对于外行来说，使用拳头攻击很可能令手指受伤。

　　由于脸部目标明确，所以许多初学者都会拳击对方脸部，可是一旦出现失误，你可能会打到对方额头或其他坚硬的部位，从而使自己手部受伤。

大多数情况下对自卫术的初学者来说，用掌根攻击是最稳妥也是最有效的攻击方式。但如果你非要使用拳击，那应击打对方身体的柔软部位，这样才不会伤到你的手。

拳击不会（正常情况下）造成手指骨折的情况：

击打肚子

　　若对手身体某个部位能承受手掌击打几秒钟而没有受伤，那么你可以用拳头从稍低一点的位置进攻。

　　你没必要立即握紧拳头。保持轻松，等到拳头要打到对方时再紧握。

喉咙

　　你见过有人用拳打喉咙吗？这种情况很少见，但很有效果。

喉咙与肚子或后背比起来太小，因此在你打向喉咙时应该既快且准，多加练习便不难做到。

击打肾脏

大多数技巧都是假设你与对手面对面，但实际打起来，情况会更复杂，而且对手很容易转身。

这种方法跟之前讲拳击时用法一样，站在对手后方，勾拳打向对方肋骨下侧。在观察四周有没有其他危险，迅速逃离现场。

7. 如何利用手指

手指是很厉害的武器，有时能给对方造成严重的伤害，但只能在自身安全受到极大威胁的情况下才能使用手指弄瞎攻击者。

这里要说明一下，使用手指时一定要快。如果你没有注意或暴露在对手面前，他们能很轻易地抓住并拧断你的手指——这是你不希望出现的情况！

摁对方眼睛

这种方法最适用于对手慢慢掐你的时候。你可以用这种方法推开对手或快速插向对方眼睛让其分神。

要知道你出手越狠越快，给对方的眼睛造成持续性伤害的可能性也就越大。若你真的身处危险中可以用这种方法，若只是跟朋友练习则不要用。

若攻击者距你很近而且不断攻击你，则也可以采取这种方式。

双臂上伸，用大拇指摁住对方的眼睛，一旦攻击者失去还手能力，趁机逃跑。

用手抓眼睛

这种方法使用方式很兽性，简单粗暴的攻击也相当有力。通常在手掌根攻击之后使用，而且由于多根手指都能接触到对方所以命中率很高。

适用于手掌根攻击下巴或鼻子之后，从防守的位置将前面的手握成爪子状，然后用手掌根打对方的脸，手掌接触到对方后迅速用手指扣住眼睛或刮对方眼睛。

即使轻触对方眼睛都会令其站不稳。利用这个机会快速观察四周，趁机逃跑。

8. 如何利用腿脚

脚踢是许多武术的主要动作，虽然看起来很给力，但实际应用中有诸多局限。

脚踢时要考虑以下原则：

当你将脚抬得比腹股沟高时，小心摔倒。

这不是说对手总能抓住你的腿将你摔倒在地——虽然也的确有这种风险——而是跟其他部位一样，我们的身体在压力下很难保持平衡。若因为紧张而像李小龙一样一阵猛踢很可能使你失去平衡而摔倒，即使是轻轻一摔也会极其危险。

快速踢向膝盖

踢，要尽可能简单有效。快速踢做起来很简单，任何穿着鞋的

人都能用这个动作。一般只是用脚趾踢击膝盖，目的是令对方分神并且只给他造成暂时性伤害而不是持续性伤害。

注意：不要光着脚或穿露脚趾的鞋子踢击对方。大部分鞋子的前脚端都很结实，一般我们用这个位置踢对方。如果你没有穿这种鞋子，请考虑其他方法。

以自己的防守姿势，高抬腿后曲膝，用鞋子大脚趾位置全力踢向攻击者膝盖骨的前面或侧面。

踢腹股沟

在自卫中可以踢向对方腹股沟以保护自己，这种方法很有用！但是实际用起来有些困难，而且除非你有十足的把握，否则不要尝试这种办法。若你第一次没有踢到，那么第二次机会就很少了，因为男性对这个部位非常敏感。

用脚踢时可以跟对手保持一定距离，比膝盖的攻击距离更远。

但这种情况下用此方式攻击女性效果不明显。

举起双臂，抬起膝盖击向腹股沟下方位置，快速地用力踢向对手膝盖指向的位置。一定要用力！（哪条腿都可以。）

用脚背的部位向上踢，因为这部分受力面积最大。

注意：为防止对手转身躲避，每个动作都要尽可能又快又准。

踢小腿

你可以快速踢对手小腿骨，也可以踢小腿肌肉，不论对方距离你较远还是很近，或者抓住你，都可以用这种方式。

以防守姿势抬腿踢向对手膝盖，前后腿都可以攻击对方，但通常情况下后腿更容易发力而且方便移动，用脚背踢向攻击者的小腿骨。

　　如果对方虽然感到疼但依然站得住，使劲向后推对手，观察周围没有其他危险后快速逃跑。

9. 特别提示：击打喉咙

　　由于喉咙是主要的软组织部位因此也成为令对方快速倒地的极佳攻击目标，击打对手的喉咙能为自己的逃跑创造机会。

　　此时，对手正处于被攻击区域内，将大拇指和食指摆成 V 状。由于该形状极其特殊，我们要迅捷有力地攻向攻击者的喉咙。

　　虽然击打喉咙看起来像是扼住对手的动作，但其实是类似拳击的击打。

　　攻击时，一只手张开做防守，另一只手用 V 形手指用力快速插向攻击者喉咙部位。（如果是男性，攻击其喉结部位。）

　　出手足够快的话应该能伤到对手，也可能伤到对手的气管，从而使其呼吸困难，这时观察四周情况，快速逃走。

当面对武器时······

武器通常作为震慑工具使对方放弃反抗。

自卫中被武器所伤通常是由于手忙脚乱或混战造成的。大多数攻击者都不擅长使用刀具,因此他们更可能是误伤你(或他们自己),而这不是故意为之。

跟之前讲的一样,若被拿着武器的劫匪威胁,最好满足其对财物的要求。只有当人身安全受到威胁或突遇无端的袭击时才考虑用武力解决。

如果你居住在经常发生持械抢劫的地方,那么考虑上一些武器防卫课程,阅读一些详细资料,可以的话最好搬家!

下面章节主要介绍如何保护自己不受普通武器的伤害。

1. 面对枪支的反应

攻击者一般把枪当作一种威胁的工具,为了逼迫你交出钱同时也给自己壮胆。这种情况下最好的办法就是交出钱并保持平静。

遇到持枪攻击者时，尽量不要激怒对方。对任何武器袭击都保持以上这个原则。

2. 武器防御中的优先原则

(1) 不激怒对方；

(2) 使攻击者无法开枪或难以继续追赶你；

(3) 快速逃离危险现场。

3. 球棒挥击武器的自卫原则

虽然球棒、木棍等挥击武器看起来很吓人，但其实它们并不是理想的自卫武器。使用这类自卫武器时需要手臂用力，但实际造成的打击效果较小。

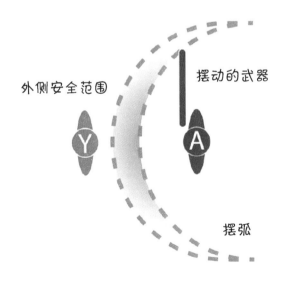

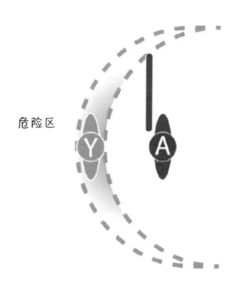

危险区

内侧安全位置

4. 刀具的防守原则

如果有人拿刀对着你怎么办?

首先,如果没有生命威胁的话交出自己的钱包、手机或对方想要的其他物品。

防卫刀具时跟对手保持一定距离很重要。当然,我们在电影中经常见到有人冲对方掷出刀子并在 10 米之外杀死对方的桥段,但在现实当中,这种攻击的方式根本不会出现。携带刀具的人不可能故意把刀扔向你。

不要被这种情形吓住。唯一可能出现这种情况的是遇上有组织的暴力或黑社会犯罪活动,尽管偶尔会发生黑社会火拼伤及无辜的事件,但是并不多见。此时,你应该重新考虑其他自卫方式。

通常在你防卫失败或事态恶化后攻击者才会用刀子威胁你,也就是说迫使歹徒拿出武器的,是愤怒。这就是为何我们一直提倡在卷进打斗之前"化解险情抽身逃脱"的原则。

遇到刀子威胁时,互相猛砍或刺都很危险,一定要与对手保持一臂以上的距离。

若发生混战,即使双方极力保持克制,也或多或少会有伤亡。此时,你千万不可惊慌失措,应迅速逃离现场,立刻寻求警务援助。

你可能在恐怖电影中看过杀人的情景,但实际中攻击者一般不会将刀子举过头顶然后再向下一阵乱砍。

受伤或被袭后要快速退到安全区域避免被持续攻击。先防御好,

再伺机给对手致命一击以彻底打垮他。

有机会就将全部力量集中在手掌根击向目标。在应激状态，肾上腺素会让你爆发出超乎寻常的力量。

开始攻击前最简单、最有效的准备是保持重心稳定。这是你攻击和防守的先决条件。

应做到双脚基本与肩同宽，重心放在两腿之间。自身中心线面对对手，两脚连线与中心线呈 45 度左右站立。

更重要的是在攻击后你也要能迅速回到这个架式。

这意味着你需要有足够快的反应力返回到这个平衡姿势，另外一个原则是动作紧凑一点，但也不要过度紧张，因为"太紧张则容易出错"。

我们建议不要过度使用力量，简洁、快速、有力的一击比铆足劲击打要安全得多，因为铆足劲可能会让你失去平衡摔倒在地。

如何锻炼出天然的身体盔甲

多数人都认为"强壮的"的人更擅长搏斗,而且我们首先想到的形象是他们高大、肌肉发达,身上有许多伤疤或文身。可是这种思维定式大多数都只是一厢情愿。

首先,健康是自卫的第一道防线,比起那些你可能永远也用不到的花哨的锁臂术,能完全脱身或在没有倒地的情况下保护自己更加重要。

身体构造对于保护机体关键部位也起着重要作用。肌肉比脂肪密度大,能承受更强的打击。

肌肉是天然的身体盔甲

担心肚子被打?锻炼腹部有助于形成腹肌,保护软组织。

担心后背着地?强健的背部的肌肉,即竖脊肌——脊椎两侧的肌肉,这些肌肉有助于保护易受伤的脊柱。

对手臂及腿部进行合理的肌肉训练,增强力量,从而提高你的击打能力。

锻炼肌肉的过程中我们的确能强健体魄，很多健身者身上健美的肌肉有目共睹。可是尽管他们经常在健身房锻炼，实际上在自卫方面，他们并不比普通人有更多的优势。因为他们身上粗大的肌肉降低了出手速度，限制了他们的动作幅度。

观察多位长期健身的人短跑后我们发现，他们过于健硕的腿部肌肉妨碍了腿的灵活移动。

有效健身的目的是保持最棒的体型，而不是为了炫耀。我们要用一种更高效的锻炼方法来进行有氧运动，控制体重，耐力训练和一些拳击、腿法、摔跤、柔术等动作的练习。

如果为了生命你需要立刻跑 1.5 英里，你能做到吗？

假如你需要立即从地上爬起来，你能做到吗？

我们可以用功能性健身训练解决这些问题。

1. 功能性健身训练

建议将有氧耐力训练和核心力量训练作为自卫训练的开端。跑一段距离后还能用力击打比高强度锻炼身体或跑马拉松更加有用。

规律性的锻炼非常重要。健身指的是有规律地进行适量的锻炼，而不是偶尔进行疯狂的训练。

2. 自卫训练

下面的方法是根据初学者的水平将自卫和健身锻炼结合到一

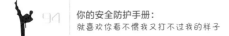

起。如果你已经具备了一定的健身基础，那么可以增加次数或重量提高挑战性。

有氧训练

热身和有氧运动能提高训练效果，以平均速度完成至少 3 公里慢跑，也可通过骑自行车和游泳混合训练。

不要在做有氧运动时用完力气，保存一些体力进行剩余的锻炼。

力量训练

深蹲

腿部是我们的力量基础，而深蹲能锻炼我们的腿部。如果你是初练者，可以只用自身重量训练。如果你已经有点基础了，可以考虑增加负重。

进行三组，每组 15~20 次的深蹲。

俯卧撑

俯卧撑做起来很简单，它们有助于增强你的胸部、肩部和手臂力量，任何训练中都需要这些区域的力量。

做三组，每组 25~30 次。

仰卧起坐

增强腹部力量不仅有助于你进行更加有力的攻击，而且发达的肌肉能抵抗更多损伤。

做四组，每组 20~35 次。

倾斜仰卧起坐

这点通常被忽略，倾斜训练是另外一种锻炼重心稳定的形式，而且是进一步强化训练的基础。

做三组，每组 15~25 次。

背部训练

人们通常关注身体前面的肌肉，但"核心"需要整个中心区域的配合，即前面和后面。背部训练很简单，但是能锻炼经常被忽略的区域的力量。常用的动作有：引体向上、俯卧两头起等。

做四组，每组 15~25 次。

何时交出钱，何时进行反击？

我们已经知道应用何种方法来击打袭击者身上的薄弱部位。那么何时采取行动更为适宜呢？

在任何一种抢劫案中，明智的做法都是交出钱、手机、包或其他歹徒想要的东西，歹徒往往会在得到想要的东西后离开。最好不要反抗或激怒歹徒，因为相比之下丢钱或手机比丢掉性命好多了。

如何判断是否应该与歹徒搏斗？

下面这些比普通抢劫要严重的情形应该反抗。在这种情况下，最明智的选择是快速逃跑，有必要的话再跟歹徒搏斗。

1. 他们想把你带到其他地方

这是即将发生危险的标志，尤其是对女性来说。抢劫犯一般只想要值钱的东西；但是如果他们打算将你带到别处，他们可能想做更坏的事。

把钱给他们，将钱包反方向扔出几米远。当歹徒去捡钱包时趁机逃走。

若他们强迫你上车或是拉你进入胡同或小巷，你要抓住机会，又快又狠地击打他们，同时制造声音引起他人的注意，然后摆脱他们的控制。

2. 拿走钱和值钱的东西后还不离开

抢劫犯拿走你的钱时你要努力保持镇定，说一些安抚性的话，比如"可以"或"好的"，这样有助于你稳住歹徒，控制住局势。

如果你发抖以及表现出异常的担心和恐惧，这会使他们感到一种优越感，凶恶的歹徒可能会将这些看作是对你进一步侵犯的信号。如果歹徒拿走你的东西后还一直在你周围晃悠，这时你就可以选择反击了。跟之前一样，抓紧时间，高喊着还击，然后逃跑。

就像我们之前讨论的，我们可以通过所学的自卫术技巧稳定局势或阻止暴力，但是若攻击者得寸进尺，使你的性命和安全难以维护，这时你就应该"大叫"。

大叫表明你已经从镇定转向慌乱，所以一边大叫，一边努力保护自己逃离危险。

大多数人面对突如其来的变化都会懵住，歹徒也一样，面对你突然的大叫他需要用几秒钟时间来思考发生了什么事。有必要的话可以利用这个间隙反击，然后逃跑。

然而，如果你是逐渐提高声音而不是突然大叫的话，那么对手就有时间反应过来，此时被激怒的歹徒可能会成为你的大麻烦。

我要说什么?

　　大叫的时候你当然可以随便喊，但是与其说一些骂人的话，不如说你想要什么，这样更有用。试想一下，若你朋友突然向你喊"不要动！"，你的第一反应一定是略感惊慌并照做，尽管待会反应过来没什么事你还会继续向前走。

　　道理是一样的。你要清楚地喊出想要发生的事。

　　例如：

　　"后退！"

　　"放开我！"

　　"停下！"

　　这样的呐喊若再结合迅猛地攻击，或推、或打都将对其产生有效的震慑作用，是一种有效的震慑方法，而且也会引起路过的行人的注意。

　　在压力测试下练习声音。若想以命令的口吻喝令对方，就要不

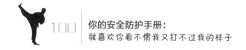

断练习才行。

下面这些练习最好在教室或人群之间使用,当然你也可以在客厅或公园跟一位朋友练习。

找一位朋友或搭档去一间有足够活动空间的大屋。一个人假扮"袭击者",另一个人作为"自卫方"。(注意我们不用受害者这个词,因为如果你不期盼的话就永远不会是受害者。)

自卫方紧闭双眼站在中间位置,张开双手举起双臂做出防守架式。

袭击者可以从任何一个方向进攻,例如触摸防守者的肩部、手臂或头部。

这种情况下十分考验自卫者应对能力。自卫者快速睁开双眼将攻击者用力向后推,并大声喊"后退!"或其他类似的话。

从不同角度重复这个动作,保持声音有力且自信。记住这只是练习,你喊多大声都没关系。

尝试了几次之后,交换角色,体验一下对方的感受。

连续几天不断重复训练直到习惯这种方式。

要点:

自卫者:时刻准备转身面对袭击者。威胁可能来自任何位置。

袭击者:如果你认为自卫者的语气缺乏命令所特有的力度,告诉你朋友。如果自卫者尖刻地、大声地命令令你感到不舒服,这就说明达到效果了。

积极关注的重要性

此书的最后我想强调一下自卫中一些不太重要的方面，即警觉过度。人有时会变得焦虑并且过度猜疑周围的事物，经常怀疑他人动机。

了解一些简单有效的自卫方法是件好事。在紧急时刻知道如何也很实用。

但是多年从事关于武术和自卫术方面的研究和教学工作，使我看到许多人曲解了我的用意，在日常生活与工作中风声鹤唳、草木皆兵。

学习自卫术的本意是为了防止自己在暴力事件中受伤，但你若被假想危险和潜在威胁所困扰，那么很容易导致焦虑烦躁，就很容易变得（无比）警觉。

他们可能开始买自卫工具或武器。他们可能害怕外出，或走在

路上会怀疑每一个人而且行为很神秘。讽刺的是若他们疑心过重或压力过大只能使自己更加容易地成为攻击对象，因为他们的行为很反常。

若你身上发生过一些不好的事，虽然有点不幸，但不要害怕，很多好心人会帮你重新站起来，给予你精神力量。他们帮助过我，所以也能帮助到你。

幸运的是大多数人一辈子可能也不会遇到一桩暴力事件。据统计，危险更可能来自飞来的啤酒瓶（不严重）或被自己的裤子绊倒（很严重），而不是在大街上受到精神病患者的袭击。暴力发生时，掌握一点防卫的知识会很有用，但享受生活仍然是你的第一选择。

现实中，我无法预知生命受到威胁将发生于何时、何处，在千钧一发的紧要关头，本书中的大部分自卫知识都可能被抛在脑后。所以此刻最应该相信自己的直觉，永远不要慌乱。若你没办法脱身，要尽力缓和气氛；若攻击者想要钱，那就交出来——只是钱而已。

若你交出钱后，歹徒仍然步步紧逼，那么你此时就应该考虑防卫和反击。这其实是最终的无奈之举。

所以，我希望你们永远也没机会用到这些防身技巧！

下面的篇章主要给大家演示一下预防动作，如果有条件的可以配戴 VR 眼镜进行观看。

VR 防身术教学图解

1. 防掐脖子

首先，在街斗当中，掐脖子是最常见的动作，为了应对这种状况，很多人就会想到许多挣脱的办法。例如有的人说"我可以像电视剧里的直接下砸肘关节吗？"其实这是一个错误的方法。那么直接向上膝撞对手腹部可以吗？如果对方的胳膊很有劲、臂展很长，并且一旦他臀部后撤，那么你的膝撞也很难命中。所以这种情况下首先要让你的双手从对手双臂内侧穿入，然后用力向对手头部方向伸展。由于此时对方的肘关节和腕关节有一个向内扣的挤压，你这样的动作会让他的发力受到限制，抓不住你。此时你很难把对手的胳膊撑开，不要浪费力量，手继续往上走，直接扣住对方头。扣头、提臀、提膝，攻击对手头部或者裆部。当你抓住对方的头部之后用力向下压，因为条件反射的缘故 90% 的人都会下倾。所以此时应该提膝用力攻击对方，很容易给对方造成巨大伤害。

2. 防正面抱摔

如下图所示正面抱摔是摔跤时比较常见的一种抱摔方法。此时在其他教科书中可能会教你要旋转身体去摔倒对手，但此时要注意，这是一个很冒险的动作。如果你把身体侧过来用勾腿去摔，假如对方力量非常大，直接把你举起来摔倒，那你就很危险了。所以到这时我不推荐大家转身，那我首先要做什么？请大家把你的手臂向两侧上扬，举起后维持肘关节的空间位置不变，用手掌按住对手的头部用力下压，臀部后提，两条腿后蹬，打开对方身体的空当。这样的话由于你的步伐是打开的，对方很难摔倒你。另外，这个时候你的手可以抓对方的头发然后带动他的头部后仰。对手头部后仰之后我们可以更方便击打对方。如果想避免把对方打伤还有一个动作可供参考，当他的头后仰时，他的下颌也是扬起的，手做一个扣住对方下颌的动作。这里利用一个反关节技术，在对方紧抱时，手先下压对手头部，控制好重心不要摔倒，然后抓住对方头部，不然此时你将扳不动对方。随后将你的身体后仰，你的目的是让对方的下颌抬起，抬起之后不用打，直接推他的下颌，向你的左侧转就可以把对方带倒。

3. 防后面搂抱摔

如果对方从后面搂抱你，有几种动作可以用来挣脱对手。有的人选择用电影里看的那种比较俗的方式：跺脚。但如果对方悍不畏疼，你再怎么跺对方他都不会松手。另外，在这个位置下你往往也打不着对方。所以这些动作我不是特别推荐。可以考虑做下面这个动作，第一步是对方抓住你的时候，抓住他的手用你的身体下压，把对方抱在你胸口的手推到肚子的位置，第二步身体微微旋转，右腿绕到对方左腿外侧勾住对方，抱住对方的单腿，随后抱起对手，然后下砸，这就可以把对方摔倒。但是这个动作需要很大的力量挣脱对手。还有一种比较通俗也比较简单的方法可供选择，虽然动作不华丽，但比较实用。例如对方勒住你，你没有办法移动，这个时候，首先还是需要你把对方抱住你的手向下压，不同的是此时注意用屁股和整个身体往下坐，要坐到地上，坐到地上的同时抬起你的头。倒地之后，即使对方的手没有立刻分开，你也可以通过展腹扩胸加上你手臂的力量轻易地把对方的手掰开。掰开之后抓住对方的一只手腕，起身向对方的臀部方向转体，压住对方，拿住他的后背。

4. 防正面抓衣领（动作 1）

这也是在街斗当中常遇见的一个动作。一种处理方式是直接进行反击，此外还有一种能制止对方攻击并且给对手造成相对较低伤害的方法。比如说对方抓我的衣服领子，我不推荐像其他很多的教科书所讲的用反关节把对方撅开，因为首先成功完成这个动作需要很大的力量，其次当你撅对方关节时，对手闲着的另外一只手可以对你进行攻击，也可以再在上手一块抓，你这个时候没有任何反关节技术给你用。像武警特种兵那样，一转身转腕再抓的动作也只能停留在电影上，现实搏斗中这个动作几乎没用。因为这个动作也需要很大的力量，除非对手非常弱，不然几乎不可能用出来。我推荐的是下面这个方法。首先对方抓住你之后你要有几个动作，第一个是利用巧劲的动作，当对方抓你的瞬间抓住他的手并往后撤一步，往后撤一步的这个动作为了使他的胳膊被拉直。出于本能他肯定会不松手，就利用这一点，如果对手不松手，他胳膊是直的，他的肘关节会出现紧绷状态，此时不要等他打你，你只需要往后撤的同时抓住他抓你领子的手，之后迅速用另一只手去推压对手肘关节就可以了。这个动作非常实用，而且算是比较客气的招式。如果真的有冲突打起来大家可以狠一点。第一步还是抓住对方的手后撤一步把对方的胳膊伸展开，但是下一步你要使坏的话就使劲用手或小臂砸他的肘尖，会把对方肘关节直接拽折。这也是一个相当实用的技术。

5. 防正面抓衣领（动作 2）

第二个挣脱动作相对来说就更温和一些。假设被对方抓住之后你没有任何办法挣脱，你也不希望跟对方互殴造成太大的争斗，这个时候我们可以选择整条胳膊向内做一个顺时针旋转来化解。注意，这个动作中你的肩和身体要整体发力做一个整体旋转运动来挣脱。因为对方已经很牢固地抓住了你，你仅用胳膊跟对方较劲很难摆脱，所以你需要将身体下压给肩膀一个运动空间，然后旋转肩部的同时手臂顺势上扣对方的头，肘尖绷紧，提膝攻击。第二种处理方式是，近身扣住对方头部时手推对手下巴，这个动作不会有太大的杀伤力。此时你的身体已经近他身了，你的胯顶在对方的后胯上，用手推对手下颌的同时身体往下压就能把对方带倒。另外只从对手胳膊来看这也是一个反关节技术，反关节方向撅对方小臂，他的身体就会下压，从而被你摔倒。

6. 防夹脖子（动作 1）

对手夹住你的脖子，会下压你的颈部，使你很难移动。这时你即使攻击对方，也难以奏效，还会遭到对手更凶狠的反击。所以在这个位置上有以下几个处理方式：第一虽然略显毒辣，但是在自卫防身却十分可行，如果对方做夹你脖子这个动作，他的腿势必是打开的，他此刻裆部没有任何防御。捏住对手裆部然后下扯就足够了，然后迅速低头并向后撤腿，顺利逃脱并从身后抱住对手。因为裆部神经非常敏感，即使对手力量很大，你也只要轻轻捏一下就能对他造成巨大痛苦。另外，你攻击的时候他肯定要撤手保护他的裆部，这时你顺势用右手抱住对方的腰，用左手去攻击对方的裆部，抓紧向下发力，请注意头一定要往回撤出来。

7. 防夹脖子（动作 2）

第二个动作是一般摔跤运动员经常做的动作。在一对一的情况下，当你被对方抓住之后立刻抱住他，但是如果对方脚力沉稳，无论你怎么尝试都摔不倒他，即使想把他举起来你也做不到时，你该怎么办？由于对手的腿非常稳，此时你一定要将身体置于对方后侧，用手抱住对手的腰并且双手搭扣。然后尽可能使自己重心下沉，并抱住对手向后躺。身体下压后躺的同时，伸直自己的右腿放在对手身后别住对手的腿，限制其腿部移动，使其无法后撤。同时这条腿也可以看作是自己与对手身体的支点，利用杠杆原理将对手翘起来，从而轻松地把对手摔倒。同时你也会倒地，注意在倒地之后迅速起身压住对方。相比打击对手裆部，这个动作相对稳妥一些。请务必注意这个动作只适用于一对一的情况，如果面对两个以上的对手我不推荐用这个动作，因为你们俩都会倒地，倒地之后，两个人纠缠中肯定会遭受第三方的攻击，所以在多人冲突中你尽量要保证不要倒地。同样如果你想去做一些抓裆这样的动作，也请你一定要保持站立状态，因为倒地状态很危险。

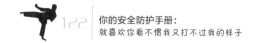

8. 倒地起身

你需要学会正确的摔倒动作。在实际街斗当中，你很有可能被对方摔倒，因此学会如何倒地也是一门学问。所以有几点需要大家特别注意。第一个点是倒地时不要直接用你的手臂去做缓冲支撑。因为你身体倾倒时重量激增，如果你的手臂力量不足，很有可能使你的肩关节和肘关节受伤，轻则脱臼，重则骨折。第二个点是，如果你倒地时整个后背往下拍，你的五脏六腑受到的剧烈震颤将会造成你的痉挛，使你刹那间喘不过气来，从而短时间丧失格斗能力，一旦陷入这个处境将会导致非常严重的后果。第三个点就是保护你的后脑。你倒地之后你的后脑要学会尽量不要接触地面。对方把你摔倒你会受伤，如果不加注意你的后脑直接着地之后反弹将会造成二次受伤。

以上三点总结一下就是，第一倒地手臂尽量少做支撑，第二少用后背直拍地面，第三，保护后脑尽量不要二次受伤。所以你着地的时候就尽量用臀部先去着地，并用你的小臂手掌去试图拍打地面，向下打击产生的反作用力来缓解从高处坠落时对自身的冲击，这样能有效地避免你受伤。这个动作的细节首先是臀部落地的同时胳膊要做拍地的动作，这里说的胳膊是你的小臂和手掌，不是拳头，注意掌心向下摊开手掌。

　　一般当你摔倒之后，对方很可能会立刻向你追加打击扩大战果，因此倒地之后快速起身至关重要，如果你像下图以这种错误示范的方式双手扶地起身会非常危险，这会给对方对你实施二次打击制造机会，比如对方可能上来就一个足球踢直接把你头踢碎。所以倒地的时候，第一，要注意对方把你打倒之后，你先不要着急起身，首先要盯住对方，这样对方再近身的话，你的腿和手都能形成一个支撑性防御，减少对方对你的二次打击造成的伤害。第二，这时你可以选择蹬踹对手来给自己创造生存空间，用手和脚同时作支撑，空余出来的这条腿蹬击你的对手，拉开与对手的距离后伸直手臂控制距离，从收膝动作开始慢慢起身，这样才能避免对方对你造成二次打击。

9.骑乘逃脱（动作1）

大家知道，骑乘体位在打斗和比赛中经常出现，一种可能出现的情况是对手骑乘你的腹部，这会使你陷于十分被动的处境，因为你可能在对手的攻击中无法抬腿保护自己。另外一个情况就是对方骑在你身上并不断上压到你的胸口，但是其实相对来说对方越往上压，你逃离的可能性越大。因为这个时候你的腿可以帮忙，注意腿撑住地面。当对方压胸的时候来打你时，你应该先用手防御而非试图挣脱，事实上在任何情况下都不要胡乱挣扎，因为你无论做什么自卫动作都要先靠支撑，这个过程中对方的攻击可能很致命。所以先做一个防御，之后如果对方压在你胸前，你的腿就可以有活动空间了，那么你可以利用对手攻击的间隙将你的腿上压，做成一个腿锁的动作。如下图所示，你先发力把对方带倒，一只手支撑身体，另一只手按住对方的腿，先让一条腿撤出来，然后就能站起来了。注意一定要先有一条腿撤出来，切勿同时撤两条腿。

10. 骑乘逃脱（动作 2）

第二个情况，对方骑在你的胃部，我前面说过，这个动作非常令人难受，下面我们就来介绍如何在这个情况下的脱控。今天我就讲一个最简单、最实用的方法。对方击打你腹部的时候暂时忍耐，伺机一定要抱住对方的一只手臂。然后用脚蹬地，抱住哪只手臂就向哪个方向做展腹动作，并翻身挣脱。因为对方要两个手支撑，你破坏对方的一个支撑点，他这一侧便出现了空档，你就可以逃脱了。所以有些时候为了抓住对方手臂，你要付出一些让对方打击几下代价。当抓住之后，迅速脚蹬展腹翻身逃脱。

11. 侧压逃脱

倒地侧压，被对方这个动作压住时会令你十分不适，逃脱的难度要比之前所讲的骑乘逃脱难度更大。那么这个时候有几个动作可以帮助你。第一，你不要支撑着自己去打对方，没有任何意义。你要尽量先撤出身来，这时候你的腿就需要帮忙了。首先由于对手有两条腿在控制你，所以你需要先右腿蹬地，展腹转身翻过去将你的右腿伸到对方支撑腿的脚腕处，并用脚勾住对方的脚踝。第二，将右腿迅速贴到你的左膝内侧，做一个类似于三角的动作。手按住对方，同时慢慢向右侧发力翻转对手便可逃脱。这是一个非常灵巧的逃脱动作，之所以只教它是因为这一个动作一旦勾住对方必然会成功，因为这也是做了一个反关节动作，来扭曲对方的脚踝，迫使对方随着你的力量去转动，对方如果反抗将感到剧烈的疼痛。

12. 对多人

下面讲一个人对两个人或是三个人这种比较棘手的情况。首先你不是超级英雄，你也不是三头六臂的哪吒，直接上去与两个人对打是不可取的。对手们可以随时从各个角度攻击你，防不胜防，所以最理智的方法当然是跑。如果你遇到无法逃脱必须跟对方格斗的情况，即使你有一定实力，那也要记住了，一定要保持一对一的状态与他周旋，在任何时间断面上，你应该都只对付其中一人，而非与多人混战。

当对手两个人同时冲上来的时候，你的脚下需要有步法。

第一，跟多人打的情况下步法就是生命；

第二，你的拳头需要有准确性；

第三，你要有绝对力量——你要用不同的步法来躲避对方集体的进攻，同时你要最精准地攻击，对方的下颌、鼻梁、眼眶等部位，用上你最大的力量，一拳搞定对方。

这个时候要记住了，以一打多的时候最忌讳的就是频繁的出拳或出腿，那会消耗你有限的体能和浪费你通过蓄力一击打倒对手的机会。因为对方有两倍三倍于你的体能来攻击你，但你孤身一人，所以你用步法调整好状态，寻找最佳时机用最大力量快准狠地把对方一拳 KO，搞定其中一个再对付下一个，那就是一对一了。接下来我首先跟大家要说的是如何用步法创造一对一的环境。两个人冲上来攻击你的时候势必做不到完全同步，一定有快有慢，先上的人 A 可能就是你的攻击切入点。A 攻击的时候另外一个人 B 也会很快冲上来，这个时候你要避免跟 B 争斗，为此你应选择撤步，B 为了攻击你会继续从两边冲过来，此时你依然继续躲闪，你不会选择和

B 打，而是始终跟先冲上来的 A 对抗，另外 B 由于前面的人挡着没有办法来攻击，那这个时候你要用最快的速度不断躲闪，之后用最快的时间来解决 A，随后马上抽身再对付 B。此时也需要尽快解决战斗，因为先倒下的 A 可能会起来，所以以一打多的时候你要用你的步法移动来保证自己始终处于跟单人对抗的状态。用你的步法将眼前的对手变成隔离你与其他对手的人盾。其次注意的就是用最快的速度，最大的力量把第一个人打倒，随后马上对付另外一个人，另外一个人起来的同时你可以继续攻击他。这个策略可以增大你获胜的概率，但我还是不推荐大家以一打多，因为这将是一种非常被动的处境，你很可能没有足够的力量与体能，来支撑你和多人对抗。所以即使是最理想的情况，你是一个很强壮的小伙子并且有一定的实力，想要一对多的话，请牢记以上三点：第一，步法即生命；第二出拳速度，打击位置；第三，用最大力量争取一拳 KO。如果你有这个自信并且体能过关的话，你打两个人打三个人问题都不大。

好与对手保持距离，才能躲开他的第一下攻击。第二，在与对手拉
开距离的这段时间里，迅速脱掉你的上衣。这当然不是让你拿衣服
打他，你需要把衣服缠在手上，这是一个障眼法，在这短短几秒内，
由于他看不到你的明确位置，他将不会做什么动作。大家可以试验
一下，对方往往不会一直抢棍子，一般都是看准了你再抢。所以，
首先把衣服甩过去，然后冲过去，近身之后，他的棍子就没有了威
胁。而抢起衣服与之对抗的方式是错误的。所以不要信什么双节棍
能打，一样没什么用。综上，应对持棍对手最好的方法，就是直接
把衣服扔过去，然后冲上去。不管是打还是摔，这是最合理、最实
用、最真实的一个打法。

情景实际应用示例

【酒吧／饭店／KTV 等狭小空间的防卫方法】

首先你需要扫视身边的环境，利用身边一切可用的道具来为自己提高胜算。在这类环境中，杯子、钥匙、瓶子、椅子甚至是桌上的调味料都可以作为你的武器。接下来我们详细介绍一下各种常用道具的使用技巧。

1. 玻璃酒杯／扎啤杯

如图所示，这样的扎啤杯往往沉重厚实，一般来说使用它的思路有两个：一是作为投掷物扔向你的对手，二是握住杯柄挥击。如果用于投掷的话，进攻距离远一些自身会更安全，但是杀伤力可能不够理想。如果用于挥击，杀伤力等同于厚底玻璃烟灰缸，杀伤力较大，但是玻璃较脆，在人流密集的酒吧等场所一旦碎片溅射，很容易误伤他人。

扎啤杯

2. 啤酒瓶

啤酒瓶是我们更常见的一种道具。这种酒瓶子更薄更易碎，只能用于投掷，不可以当作钝武器使用。首先杀伤力不足，其次是抢砸的过程中啤酒瓶碎掉的残片很容易割伤自己的手，得不偿失。

啤酒瓶

3. 钥匙链

钥匙链可以为体重轻、力量不足的人群有效增加自己拳头杀伤力。钥匙链常见的用法有三种：第一种是握住钥匙，将一枚钥匙拿出来夹在指缝中作为拳刺，第二种是握住钥匙让钥匙从自己拳头小拇指端露出，用以捶击"扎"对手，第三种是针对没有拳法基础的朋友的，如本书前面所说握住钥匙的一头像鞭子一样抡击抽打对手。

钥匙

4. 椅子

椅子随处可见，但是它在冲突发生的时候作用很可能超乎你想象。椅子的第一个作用，是你可以踩着它将它放置在你和对手之间，这样可以有效地拉开你们之间的距离——因为这个椅子限制了对手脚的活动范围，让对手无法更靠近你，此时他胳膊再长也不可能对你构成威胁。此时你就可以配合一些语言上的技巧来安抚对手，尽量化解冲突或是给自己争取时间。椅子的第二个作用是在你将它端起来的时候，椅子的长度足以在你和对手之间隔开安全距离，同时椅子腿的威胁让你的对手不敢贸然出手攻击你，由此一场肢体冲突很容易就变成关于椅子的争夺战，让你暂时远离暴力的威胁，争夺椅子的过程中尽可能用对话化解冲突，比如劝说对手冷静、自己率先道歉都是不错的方法。如果冲突无法化解，那么你可以端起椅子"冲锋"，用椅子将你的对手顶在墙壁上，用椅子腿形成的"囚笼"控制住他。

端起椅子攻击

踩住椅子放在敌我之间控制距离

5. 刺激性调味料

如果冲突发生在餐厅或者其他提供餐饮的地方，你的桌上可能会有一些装调味料的瓶罐，比如辣椒酱、辣椒油、胡椒粉等。这些不起眼的调味料可是你出奇制胜的法宝。当你觉得冲突即将到来时，提前将辣椒油倒在手上并涂抹均匀，在对方试图攻击你时，你只需要将你涂满辣椒油的手在对方脸上一通乱抹就好了。哪怕对手体格再壮，眼部的剧烈灼痛感会在短时间内剥夺他所有的战斗力甚至满地打滚。更棒的是，这样并不会给对手的身体带来永久性的伤害，省掉了后续的很多官司和麻烦。

辣椒油涂在手上

打击位置

一旦冲突发生，为了尽快结束战斗或者给予对手痛击以形成心理威慑，你需要了解一些关于人体弱点的知识来辅助自己的攻击。

眼睛是一个有效的打击部位，眼睛一旦受刺激会让对手立刻疼痛难忍，失去斗志。需要强调的是攻击眼睛的方式，"戳眼"是一个十分理想化且不可行的方法。因为对手是一个活人，正常人眼前飞过去一只虫子都会本能地眨眼闪避，戳中这么一个灵活的小目标几乎是不可能完成的任务，即使对准了对手的眼睛，对手也完全可以用低头这一个小动作来化解，你的攻击点会从眼睛变成他的额头。要知道额头可是人身上最坚硬的部位之一，很可能对方没受伤，你先折断了自己的手指……退一万步讲，哪怕对手不动，你在正常距离用正常拳速出手戳到眼睛的命中率都低得可怜。所以在此我推荐大家用一种更有效的方式攻击对手的眼部——拳击对手眼眶，这个方法的命中率和安全性会高得多，况且眼球只要受到很小的外力就能给对手带来剧烈的创痛感了。

拳击眼眶——"封眼"

再往下，另一个有效的打击部位是对手的颈部，颈部有喉结、颈动脉窦和数条迷走神经，一旦受重击，对手轻则疼痛难忍，重则直接休克。打击对手的颈部可以采取手刀的动作，手刀攻击应该出其不意，在对方没有戒备的时候命中率会更高。同时注意手刀一定要自下而上沿一条斜上的路线打击对手的颈部，才能顺利命中目标，如果直接平挥手刀或者手一开始抬得太高很有可能被对手其他部位阻挡，从而失去目标。另外需要注意的是，手刀与对手的接触部位应该是手掌掌缘处而非小拇指，这样力量更大，自己也不易受伤。

手刀打击颈部

最后一个有效的部位是大家都知道的裆部。可人人都知道打裆，但是很多人并没有掌握攻击裆部的正确方法。首先我们要了解一下攻击裆部的原理，为了说清楚冬哥在这就露骨一点了，大家见谅。男性的裆部由两个部分组成，阴茎和睾丸。正蹬、拳击等正面攻击技术在这里往往只能攻击到阴茎部分，这一部分在"冷静"的时候作为软组织是不易受到严重伤害的。裆部有效的攻击部位是睾丸，都说"蛋疼蛋疼"，受到攻击是真的疼……睾丸的结构和位置大家应该都知道，那么也很容易知道，攻击睾丸最直接的方式，应该是自下而上路线的攻击。在这里，我最推荐的动作是膝撞。使用膝撞时应该注意，为了不让对手躲开，你应该先用手抱住对手的后脑勺或者抓住对方的头发限制其移动，然后从下而上用力地将你的膝盖向对手的裆部顶上去。

抱头膝撞裆部

　　有人说，听说打下颌、打太阳穴、打耳根也可以瞬间击晕对手啊，为什么这些地方冬哥你不推荐呢？如果你是一个训练有素的拳击手，你当然可以打击这些地方。同样的，你也可以选择胃部、肋骨、腋下这些部位，都是人体的弱点。但是这些部位虽然脆弱，也需要你有相当快的速度和强有力的一拳重击才有效果。如果你的力量和速度不够，那么即使打中了也没什么太大的效果，而且狭窄的混战中，也很少有人能像拳台上职业选手一样打出标准漂亮的勾拳。所以还是推荐大家攻击我上面说到的这些部位，无论对什么水平的人来说都是有效可行的。

在发生冲突的时候，千万不要想着去用一些花哨复杂的擒拿技术，因为对手往往要比你想象得强壮许多。同时因为不是人人都是职业选手，这些擒拿技术也不一定足够熟练，你用一个花哨的臂锁或者反关节技很有可能失败，并给自己带来更多的危险。但是有一个简单的指关节擒拿的方法值得考虑。

发生冲突的时候，很多人会伸出一根手指指指点点。这时候你就可以利用这个机会，从下而上地握住对手的食指往其手背方向撅。这个动作的要点是握点尽可能的"深"，贴近对手食指与手掌连接的大关节处越深效果越好。这个时候你的另一只手伸直推住对手的头部，并且用语言警告对手不要轻举妄动，否则加大撅指的力度。这样你就可以在保证自身安全的前提下，"牵一发而动全身"地控制住对手。

握住对手的指头

另一只手推住对手颈部或头部

场景示例

结合本书前面的教学内容，以下我们介绍四个更加具体的冲突场景，以方便大家更清楚在面临不同情况时，该如何应对。

示例一：对手远比你强壮的时候，应该如何解决冲突？

这种情况下正面冲突是非常不明智的，你肯定打不过对手。这个时候你优先考虑的是和对手保持距离。比如对方向你冲过来时你可以绕着桌子等障碍物转圈，能让对手没有那么容易靠近你。但是如果冲突加剧，绕着桌子转并不是长久之计。这时我们可以利用我们之前讲到的道具——椅子，把椅子放在自己身前让对手无法近身，或是将椅子举起引诱对手转移目标，然后趁此机会迅速逃跑或是认怂讲道理让对手缓和下来。这种情形中，我非常不推荐使用踢裆插眼技术，因为体格差异悬殊，你贸然攻击是否奏效不说，让自己与其肉搏，本身就十分冒险。所以第一要义一定是跑或者劝慰对手。但是如果你无处可逃，跟对手讲道理又没有用，你必须反抗时，就可以利用我们上面说到的辣椒酱等调味料，涂在手上抹向对手的眼睛，让对手快速地失去战斗力，然后找机会脱身或是处理下一个对手。

举起椅子来防卫

示例二：我的好朋友撒酒疯，我不想伤害他。

不一定每一次的冲突都是与陌生人的。在酒吧里，很多平时生活中很善良很棒的人一旦喝醉酒了，就仿佛变了一个人一样。当这个撒酒疯的人是我们的朋友时，我们不想对其拳打脚踢，我们只是想尽可能控制住他让他冷静下来。与朋友在一起喝酒的时候我们往往一开始都是坐着的，当你的朋友失控发生冲突时，与其他情况不一样，你要做的第一件事是立刻离开你的椅子站到地上来。因为你坐在椅子上的时候是很被动的，没有多少活动空间，对方一旦上来推搡，你非常容易摔倒，让自己陷入危险境地。

所以你首先要做的是，把手伸直撑住对手隔开你们之间的距离。隔开距离的目的是能让自己顺利地从椅子上站起来。接下来我们设想两种可能的情境，对手掐住你的脖子，或者揪住你的衣领。

当对手掐你脖子的时候，因为脖子不好抓握很容易脱手，所以你只需要做这样一个动作：由内而外、自下而上地将你的胳膊从对方的腋下穿入，按住对方头部下压。因为反关节和杠杆的作用，对手的力量会被大幅度削弱，对手的胳膊会被翘起来，形成被你控制的状态。此时你就可以用语言让对手冷静下来，或叫保安平息事态危机。

手臂从对手胳膊内侧穿上去卸掉对手胳膊的力量

然后按住脖子下压形成控制

当对手揪住你衣领的时候相对麻烦一点，因为衣领这个地方一旦被抓住就很难让对手撒手。除了上面说的方法之外，还有另一种方法：先用一只手抓住对方揪住你衣领的手的腕关节处，并用力下压。这样可以使对手这只胳膊无法动弹并受力下坠。此时你的另一只手需要托住对方的下巴并将其用力向上抬，让对手大幅后仰，并顺势将他按在桌子上形成有效控制。

以上动作都是在不对对手造成伤害的同时对其进行控制的技术。更详细的技术讲解，请看 VR 教学部分的"防正面抓衣领"。

一只手扣住对方手腕的同时一只手推下巴

控制成型

示例三：当有人推搡你时怎么处理？

相互推搡也是日常纠纷中常见的情景。当对手推你胸口的时候，你只需要一个小动作就可以轻松化解：侧面转身卸掉对手的推力，同时将他的胳膊向扑空的方向拨开（比如你向右转身，让对手从你的身体右侧扑过，同时你的左手向右边推拨开对手的右手）。实际上，由于对手往往会喝醉或者比较激动，他这一推会使出全力。一旦你用这个技巧成功地化解转移了对手的力量，他很大概率会因为扑空而直接摔倒。即使没有摔倒也没关系，对手扑空之后你顺势转身，很容易就能拿到他的背部。这时候你只需要搂住他的脖子然后下压就能控制住他，同时，用言语劝慰交流，让对手冷静下来。

对方推搡时转身拨开

绕道对手后侧箍颈下压

示例四：对方抄起瓶子抢你的时候怎么办？

无论是酒吧饭店还是 KTV，酒瓶是一个随处可见的物品，一言不合桌子一拍、酒瓶一抄的场景大家都不陌生。此时不要惊慌，像我们之前所说的，如果冲突发生时你坐在椅子上，一定要先快速站起来回到地面上保证自己的安全。需要注意的是，酒瓶不是刀，要想产生杀伤力必须要有足够的挥击距离。此时你一味地向后躲是不行的，对手的瓶子仍然有很大的概率打中你。同时酒瓶一旦击中人很容易碎掉，满是锯齿的酒瓶残骸在一个醉酒的人手里对你的威胁相当大。所以，我们更推荐在对方挥酒瓶的时候贴近对方，酒瓶本身没有危险，过近的距离也让对手没有了发力空间，意味着即使这个酒瓶打中了你，也不能对你造成多大的伤害。

从虎口方向旋转夺下对方酒瓶

下来我们讲讲如何具体操作。如上文所说，酒瓶非常易碎，你绝对不希望它击中你。所以你需要在对方对你发起攻击之前夺下酒瓶。你需要先与对方保持交谈，这个时候对方不一定听得进去你说了什么，但是你言语所包含的信息会分散对手的注意力去思考，而不是继续思考怎么攻击你。这是一个随时都能有效地为自己创造进攻机会的技巧。

转移对手注意力后，立刻抓住对手持酒瓶手的手腕，同时进一步转身靠近对手，变成下图所示的状态。注意，如果确认对手另一只手没有持刀的话，就不要去管他那只手的裸拳打击，因为相比拳头，对你来说威胁更大的是那个酒瓶。防身自卫的时候一定要注意，优先解决对你威胁最大的麻烦！

随后抓住酒瓶，对准对手虎口方向向外向下旋转酒瓶，非常容易就能将酒瓶夺下了。

近身夺瓶子时的位置

【停车场等空旷场所的防卫方法】

另一个容易发生冲突的地方是停车场，因为停车导致的纠纷或不法分子的抢劫常在此处发生。此处我们针对停车场这一环境进行四个场景的讲解。事实上这些技巧可以用于任何情况下的自我防卫，请大家灵活应用。

场景一：

当对手推搡我抓住我的衣领时，如果我个头很小，我就很难挣脱或者反击。此时我可以在内围自下而上地先举起我的胳膊，然后如下图绕到对手胳膊外侧下方，然后加紧自己的肘部控制住自己的对手（注意这个与酒吧的教学中所述不是同一个动作）。为了不使对手受伤让事态扩大，我往往会选择推抬对手的下巴使其后仰，然后按在汽车上。如果周围没有汽车，我也可以如下图所示做一个勾腿摔倒对手。

左手从内侧举起翘起对方胳膊

左手绕一圈自外而内从腋下穿入形成控制，另一只手推下巴

上身动作不变的情况下，勾腿摔倒对方

场景二：

当对手如下图用胳膊箍住我的脖子时，我很难强行挣脱。同时因为对方的手臂限制了我下颌的活动，我也很难咬到对手使其松手。因此，最佳的解决方案就像我们前面 VR 教学中"防夹脖子"部分所学一样，将身体置于对方后侧，用手抱住对手的腰并且双手搭扣。然后尽可能使自己重心下沉，并抱住对手向后躺。身体下压后躺的同时，伸直自己的右腿放在对手身后别住对手的腿，限制其腿部移动使其无法后撤。同时这条腿也可以看作是自己与对手身体的支点，利用杠杆原理将对手翘起来，从而轻松地把对手摔倒。对手倒地后我迅速翻身压在对方身上形成骑乘位，并对其施加打击。

抱住对方腰部

重心下沉，右腿伸出做杠杆

倒地后立刻翻身骑乘打击

场景三：

如果对手率先发起攻击，连续向你挥王八拳时，无论是一味地闪避还是回击，或是两人互抢撕打都是不明智的选择。你没有可能躲过对手所有的攻击，一味地拼快拳也会让你伤得更重。所以面对这种情况，最明智的做法永远是先跑。如果跑不掉，那就在对方挥拳的时候潜身，然后上一步从腋下位置抱住对手。一旦抱住对手，其发力范围就会被大幅压缩，意味着他的拳头即使砸到你也没有多大的威力。随后你可以选择像下图一样锁腿摔倒对手，或者转到对手的身后对其头部施加打击。

从腋下抱住对手

勾腿绊摔

场景四：

现实中并不是每一场冲突都是一对一的单挑，如果我们同时面对两个以上的对手怎么办？首先不要惊慌，更不能太过自信。很多人觉得自己练过功夫很能打，便同时应战两个人。可要知道双拳难敌四手，这是一个非常危险的举动。在这时还有一些摔柔系练习者想使用摔柔技巧，这都是不可取的！摔柔技术对单个敌人可能非常有用，但是如果你同时面对多个敌人，当你控制其中一个敌人时，你也失去了反抗能力并且满身空当，此时其他对手就会对你造成很大的威胁。

所以正确的应对方式是先绕着车或者其他障碍物行走，快速拉开与对手之间的距离，同时尽量让自己和所有的对手始终处在一条直线上，确保自己始终只需要面对一个对手。通过快准狠的拳法击打下巴、耳根等要害，迅速截击面前的对手，将其击倒后，再如法炮制去对付下一个对手。

先撤退拉开距离

创造一对一的机会

注意让对手追赶你时与其他对手在一条直线上

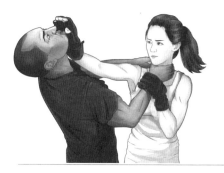

参考文献

1. Dictionary.com's Definition of "Self-Defense". Dictionary.reference.com. Retrieved on 2012-06-02. http://dictionary.reference.com/browse/self-defense

2. Are There Limits to Self-Defense? Beijing Review, 28 April 2009. http://www.bjreview.com.cn/forum/txt/2009-04/28/content_193066.htm

3. Mattingly, Katy (July 2007). Self-defense: steps to survival By Katy Mattingly. ISBN 978-0-7360-6689-1. Retrieved 2010-07-28.

4. The R.A.D. Systems of Self Defense. Rad-systems.com. Retrieved on 2012-06-02. http://www.rad-systems.com/

5. Kopel, David B.; Gallant, Paul; Eisen, Joanne D. (2008). "The Human Right of Self-Defense". BYU Journal of Public Law. BYU Law School. 22: 43 – 178.

6. Human Rights and Personal Self-Defense in International Law, Oxford University Press (2017) https://global.oup.com/academic/product/human-rights-and-personal-self-defense-in-international-law-9780190655020?cc=us&lang=en& .

7. Gracie, Renzo & Royler (2001). Brazilian Jiu-Jitsu: Theory and Technique. Invisible Cities Press Llc. p. 304. ISBN 1-931229-08-2.

8. Gracie, Renzo (2003). Mastering Jiu-jitsu. Human Kinetics. pp. 1 – 233. ISBN 0-7360-4404-3.

9. Muay Thai The Essential Guide To The Art of Thai Boxing by Kru Tony Moore {publisher New Holland} ISBN 1 84330 596 8.

10. Fleischer, Nat, Sam Andre, Nigel Collins, Dan Rafael (2002). An Illustrated History of Boxing. Citadel Press. ISBN 0-8065-2201-1

11. McIlvanney, Hugh (2001). The Hardest Game: McIlvanney on Boxing. McGraw-Hill. ISBN 0-658-02154-0

12. U.S. Amateur Boxing Inc. (1994). Coaching Olympic Style Boxing. Cooper Pub Group. 1-884-12525-5

13. "Wrestling, Freestyle" by Michael B. Poliakoff from Encyclopedia of World the Sport: From Ancient Times to the Present, Vol. 3, p. 1192, eds. David Levinson and Karen Christensen (Santa Barbara, CA: ABC-CLIO, Inc., 1996).

14. Zazryn, T.R.; P. McCrory; P. Cameron (2006). "Injury rates and risk factors in competitive professional boxing". Clin J Sports Med. 19: 20 – 25.

15. Kahn, David. Krav Maga: an essential guide to the renowned method for fitness and self-defence. London: Piatkus, 2005. ISBN 0-01-303950-4.

16. Levine, Darren. Complete krav maga: the ultimate guide to over 200 self-defense and combative techniques. Berkeley, Calif.: Ulysses, 2007. ISBN 1-56975-573-6.

我是坏人，那又怎样。变好
无望，坏也无妨。只做自己，别
无他想！

——摘自电影《无敌破坏王》